疯狂STEM

KEY CONCEPTS IN
STEM

PHYSICS
物理

U0183804

力和运动
MECHANICS

英国 Brown Bear Books　著

何小月　译

电子工业出版社.
Publishing House of Electronics Industry
北京·BEIJING

Original Title: PHYSICS: MECHANICS

Copyright © 2020 Brown Bear Books Ltd

BROWN BEAR BOOKS

Devised and produced by Brown Bear Books Ltd,

Unit 1/D, Leroy House, 436 Essex Road, London

N1 3QP, United Kingdom

Chinese Simplified Character rights arranged through Media Solutions Ltd Tokyo

Japan (info@mediasolutions.jp)

本书中文简体版专有出版权授予电子工业出版社。未经许可，不得以任何方式复制或抄袭本书的任何部分。

版权贸易合同登记号　图字：01-2022-5672

图书在版编目（CIP）数据

力和运动 / 英国 Brown Bear Books 著；何小月译 . —北京：电子工业出版社，2023.1

（疯狂 STEM. 物理）

ISBN 978-7-121-35658-2

Ⅰ . ①力⋯　Ⅱ . ①英⋯　②何⋯　Ⅲ . ①力学－青少年读物　②运动学－青少年读物　Ⅳ . ①O3-49

中国版本图书馆 CIP 数据核字（2022）第 208986 号

责任编辑：郭景瑶

文字编辑：刘　晓

印　　刷：北京利丰雅高长城印刷有限公司

装　　订：北京利丰雅高长城印刷有限公司

出版发行：电子工业出版社

　　　　　北京市海淀区万寿路 173 信箱　邮编：100036

开　　本：787×1092　1/16　印张：20　字数：608 千字

版　　次：2023 年 1 月第 1 版

印　　次：2023 年 1 月第 1 次印刷

定　　价：188.00 元（全 5 册）

凡所购买电子工业出版社图书有缺损问题，请向购买书店调换。若书店售缺，请与本社发行部联系，联系及邮购电话：（010）88254888，88258888。

质量投诉请发邮件至 zlts@phei.com.cn，盗版侵权举报请发邮件至 dbqq@phei.com.cn。

本书咨询联系方式：（010）88254210，influence@phei.com.cn，微信号：yingxianglibook。

"疯狂STEM" 丛书简介

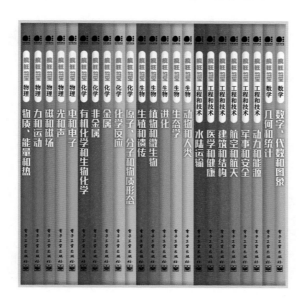

　　STEM 是科学（Science）、技术（Technology）、工程（Engineering）、数学（Mathematics）四门学科英文首字母的缩写。STEM 教育就是将科学、技术、工程和数学进行跨学科融合，让孩子们通过项目探究和动手实践，以富有创造性的方式进行学习。

　　本丛书立足 STEM 教育理念，从五个主要领域（物理、化学、生物、工程和技术、数学）出发，探索 23 个子领域，努力做到全方位、多学科的知识融会贯通，培养孩子们的科学素养，提升孩子们实际动手和解决问题的能力，将科学和理性融于生活。

　　从神秘的物质世界、奇妙的化学元素、不可思议的微观粒子、令人震撼的生命体到浩瀚的宇宙、唯美的数学、日新月异的技术……本丛书带领孩子们穿越人类认知的历史，沿着时间轴，用科学的眼光看待一切，了解我们赖以生存的世界是如何运转的。

　　本丛书精美的文字、易读的文风、丰富的信息图、珍贵的照片，让孩子们仿佛置身于浩瀚的科学图书馆。小到小学生，大到高中生，这套书会伴随孩子们成长。

测量物质

测量是物理学的核心，事实上，观察和测量是一切科学的核心。测量需要用到单位，以表示物体的重量、长度或年代。科学中单位的使用跨度非常广，从原子的大小，到宇宙的年龄，一切事物都可用某种单位的物理量来衡量。

日常生活中，人们会使用各种各样的单位。人们通常根据被测量物体的情况来选择适合的单位。例如，从一个城镇或城市到下一个城镇或城市的距离通常以千米为单位，停车场的大小以平方米为单位，旗杆的高度以米为单位，一张纸的大小以厘米为单位。

单位的命名规则通常为在基本单位的单词前加前缀。例如，前缀 kilo 的意思是"千"，因此，1 千米（kilometer）= 1000 米（meter）（也可写成1km = 1000m）。类似地，centi 的意思是"百分之一"，因此，1 厘米（centimeter）= 1/100米（meter）（也可以写成 1 cm = 0.01 m）。由此，在"米"的单位体

这些香肠状的物体是沙门氏菌，每个大约长 1 微米。该图展示的是由扫描电子显微镜（SEM）拍摄的人工彩色图像，放大倍数约为 10 万倍。

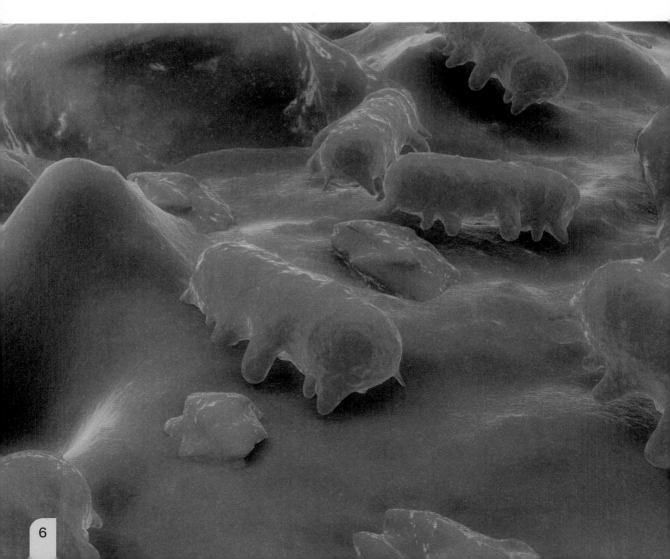

国际单位制

国际单位制是国际计量大会（CGPM）采纳和推荐的一种一贯单位制，缩写为 SI（Système international d'Unités），其中，基本单位共有 7 个，如下表所示。此外，还有 2 个辅助单位和 18 个可由基本单位导出的导出单位（辅助单位也可并入导出单位，则一共有 20 个）。较重要的导出单位有：用于测量频率的赫兹，用于测量力的牛顿，分别用于测量电阻、电压和功率的欧姆、伏特和瓦特，以及用于测量能量的焦耳。

	质　量	物质的量	长　度	电　流	发光强度	热力学温度	时　间
SI 单位	千克	摩尔	米	安培	坎德拉	开尔文	秒
符　号	kg	mol	m	A	cd	K	s

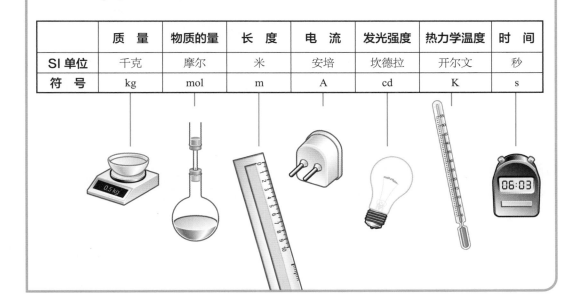

制下，芝加哥到洛杉矶的距离约为 1740 千米，一支铅笔的长度约为 18 厘米。

公制单位

米是公制单位之一。公制单位体系是大约 200 年前由法国人发明的，当时 1 米被定义为沿着巴黎子午线从赤道到北极距离的千万分之一。千克也是公制单位之一。大多数欧洲国家采用公制单位作为日常测量的基本单位，美国也使用得越来越普遍。

国际单位制

科学家普遍采用的是公制单位体系的

科学词汇

发光强度： 描述光源发光强弱的一个基本度量，单位是坎德拉（cd）。

质量： 量度物体惯性大小的物理量。

公制： 国际公制的简称，即国际通用的计量制度。长度主单位是米，质量主单位是千克，容量主单位是升。

一个版本，被称为"国际单位制"。该单位制有 7 个基本单位（如本页列表所示），以及 2 个辅助单位和 18 个导出单位。每个导出单位都有一个特定的名称，由 7 个基本单位组合合成。质量的基本单位是千克，之所以选择千克而不是克，是因为克（大约 1/30 盎司）对于很多测量来说太小了。本书中，许多测量值通常会同时给出其国际单位制单位和其等价的常用单位，但有时只有国际单位制单位是最恰当的，则仅给出其国际单位制单位。

科学记数法

当使用国际单位制或公制单位进行测量时，有些数字会变得比较大。例如，地球到太阳的距离约为 1.5 亿千米，其数字形式是 150 000 000 km。科学记数法是将一个数字用 10 的幂次形式来表示的记数方法，可以方便地表示日常生活中遇到的一些较大或较小的数。例如，$1000 = 10^3$，$1000000 =$

右图为一名撑竿跳高运动员在田径比赛中越过横杆的场景。运动员的成绩是以公制单位来衡量的。女子撑竿跳高世界纪录超过 5 米（16.4 英尺）。

古代的测量仪器

右侧插图展示了一些古代常用的测量仪器：（a）人类前臂，长度约为 0.5 米；（b）称重用的简易天平；（c）报时水钟；（d）用于测量每日时刻的日晷；（e）用于测量恒星角度的等高仪；（f）用于计时的沙漏；（g）用于测量较小厚度的千分尺；（h）用于测量太阳在天空中角度（某一时刻太阳与海平线或地平线的夹角）的六分仪。

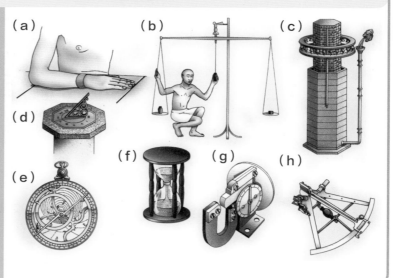

公制的前缀

前缀/词头名称	词头符号	所表示因数	前缀/词头名称	词头符号	所表示因数	前缀/词头名称	词头符号	所表示因数
atto/阿	a	$\times 10^{-18}$	centi/厘	c	$\times 10^{-2}$	mega/兆	M	$\times 10^{6}$
femto/飞	f	$\times 10^{-15}$	deci/分	d	$\times 10^{-1}$	giga/吉	G	$\times 10^{9}$
pico/皮	p	$\times 10^{-12}$	deca/十	da	$\times 10$	tera/太	T	$\times 10^{12}$
nano/纳	n	$\times 10^{-9}$	hecto/百	h	$\times 10^{2}$	peta/拍	P	$\times 10^{15}$
micro/微	μ	$\times 10^{-6}$	kilo/千	k	$\times 10^{3}$	exa/艾	E	$\times 10^{18}$
milli/毫	m	$\times 10^{-3}$						

具体例子如下：

皮法拉（pF），相当于 10^{-12} 法拉，可用于衡量电容大小。

纳米（nm），相当于 10^{-9} 米，可用于衡量分子大小。

微安（μA），相当于 10^{-6} 安培，可用于衡量神经脉冲的电流大小。

毫克（mg），相当于 10^{-3} 克，可用于衡量药物质量。

厘升（cL），相当于 10^{-2} 升，可用于衡量酒的体积。

公顷/平方百米（ha），相当于 10^{2} 公亩（=100平方米），可用于衡量土地面积。

千伏（kV），相当于 10^{3} 伏特，可用于衡量铁路供电电压。

兆瓦（MW），相当于 10^{6} 瓦特，可用于衡量发电厂的输出功率。

十亿字节/千兆字节（GB），相当于 10^{9} 字节，可用于衡量计算机的存储容量。

美国国家标准与技术研究所（NIST）的工作人员正在维护作为美国城市时间与频率标准的原子钟。原子钟的计时精度很高，可以达到每2000万年才误差1秒。

10^{6}。因此，地球到太阳的距离可以记为 1.5×10^{8} km。一根头发的直径约为万分之一米，即0.0001米，用科学记数法表示，其标准形式可以写为 1×10^{-4} m。

温度测量

温度通常用温度计来测量。温度计是一种利用物质受热时某些性质会发生变化的特性而制作的测温装置。常见的玻璃液体温度计正是利用测温液体会受热膨胀这一特性来测温的。类似地，有一些温度计是利用金属受热膨胀的原理制成的。

要表示物体的热度，就需要一个温标和一个测温装置。我们所熟悉的水银温度计由一根又长又窄的玻璃管构成，其一端是一个装有水银的玻璃泡，另一端是密封的。当玻璃泡被加热时（通过放置在需要测量温度的地方），泡内的水银便会受热膨胀并沿着中间的毛细管移动。通过水银移动的距离，我们就可以读出对应的温度值。

临床医学用的温度计是一种专用于人体体温测量的温度计。它的测温范围很窄，通常是95℉～108℉（35℃～42℃）。人的正常体温约是98.6℉（37℃）。这类温度计存储测温液体（水银）的玻璃泡上方有一个

科学词汇

摄氏温标： 将标准大气压下，水的冰点（0℃）与沸点（100℃）之间的温度划分为100等份，每份为1℃的温标，过去也被称为"百分温标"。目前国内通用摄氏温标。

华氏温标： 把一定浓度的盐水凝固时的温度定为0℉，把纯水凝固（冰点）时的温度定为32℉，标准大气压下水沸腾的温度（沸点）定为212℉，中间分为180等份，每一份代表1℉的温标。欧美国家常用华氏温标。

绝对温标： 简称"开氏温标"，单位为开尔文，简写为K，是将水的冰点以下的-273.15℃定义为零度（称为"绝对零度"）的温标。一般理论计算中使用绝对温标。

由于水银（汞）是一种剧毒元素，许多国家禁止在医疗中使用水银温度计。作为替代，现在常用来给病人测体温的是一种由温度传感器测温并带有液晶显示屏（LCD）的数字温度计，如下图所示。

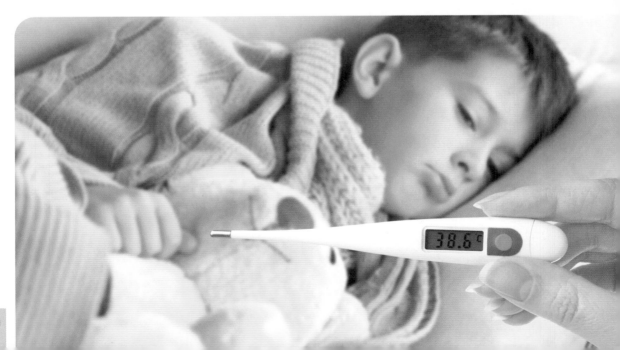

温度计的类型

玻璃液体温度计是把温度与测温液体在狭窄玻璃毛细管内的热膨胀运动对应起来，从而读取温度的。热电偶温度计根据构成闭合回路的两种不同金属的两个连接点间的电压随温度变化而变化的原理来测温。铂电阻温度计是根据铂丝的电阻随温度变化的规律来测温的。数字温度计采用温度传感器，将温度变化转化成电信号的变化，可以直接显示温度值。

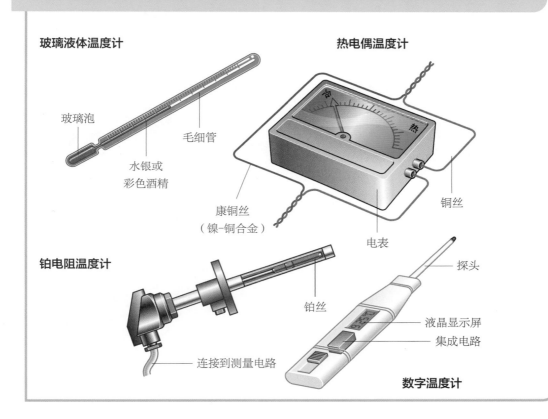

玻璃液体温度计
- 玻璃泡
- 毛细管
- 水银或彩色酒精

热电偶温度计
- 冷
- 热
- 康铜丝（镍-铜合金）
- 电表
- 铜丝

铂电阻温度计
- 铂丝
- 连接到测量电路

数字温度计
- 探头
- 液晶显示屏
- 集成电路

狭窄的"扭结"。测温时，水银受热膨胀，越过"扭结"沿中间的毛细管爬升。当取出温度计时，热量消失，毛细管中的水银线在"扭结"处断开，这就使得水银线爬升的上端依然保持在合适的位置，我们就可以读取温度了。在再次使用温度计之前，必须把水银线甩回玻璃泡中。

不过，水银的凝固点是-38°F（-38.9℃），低于这个温度时水银会冻结成固体，就不能用于测温了；酒精的凝固点是-179°F（-117.3℃），即低于此温度时酒精才会冻结成固体，因此，酒精适用于低温温度计。

膨胀金属

玻璃液体温度计利用液体受热膨胀的特性来测温。实际上，大多数金属在受热时会轻微膨胀，但由于膨胀量较为微小，所以很难建立起一种有效的机制来检测该膨胀量和温度之间的关系。解决办法是使用双金属片——由两种不同热膨胀系数的金属结合而成。常用的金属有不锈钢和黄铜，因为它们的热膨胀系数相差较大。当由它们构成的双金属片被加热时，黄铜膨胀得比不锈钢大，这会导致双金属片向黄铜一侧弯曲。由于这一特性，双金属片常被用在一些恒温器中。恒温器通过控制燃料或流过加热器的电流来调节双金属片的形变，从而保持温度恒定。

其他类型的温度计

理论上，任何随温度变化而变化的物理特性都可用于制作温度计。例如，在热电偶温度计中，由不同金属制成的一对导线两端相连，当两端节点的温度不同时，导线中就会产生一个微小的电势差，此时用一个灵敏的、校准过的电压表就可以直接读出温度。另一种温度计是铂电阻温度计。它由铂丝和一个可以测量在温度变化时铂丝电阻变化的电路组成。电阻值可以与实际温度匹配，从而测出温度。

温度单位换算

常用的温标有3种：摄氏温标（t，℃）、华氏温标（F，℉）和绝对温标（T，K）。有时需要在不同温标间进行温度换算，例

散热器恒温控制阀用于控制流向暖气管的热水的温度。它主要由一个控制热水流量的阀门和一个控制阀门开关的传感器组成。

双金属片温度计

在这种温度计中，不锈钢和黄铜两端分别结合在一起形成双金属片。把双金属片卷绕成螺旋状，将其一端固定，另一端和指针相连。随着温度上升，黄铜比不锈钢膨胀得更厉害，所以双金属片会稍微散开，从而带动刻度盘上的指针移动。

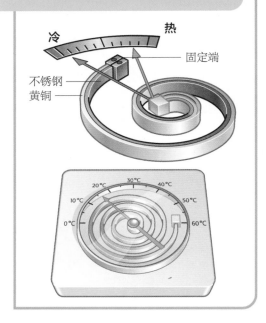

如，将摄氏温度转换为华氏温度，或将华氏温度转换为摄氏温度。这涉及一些简单的数学知识。将摄氏温度转换为华氏温度的方法：先乘以9再除以5（或者仅乘以1.8），然后再加32，用公式表示可以写为：

$$F = \frac{t \times 9}{5} + 32 \quad 或 \quad F = t \times 1.8 + 32$$

例如，将50℃转换为华氏温度，计算如下：

$$\frac{50 \times 9}{5} + 32 = 122 \ ℉$$

将华氏温度转换为摄氏温度，则要进行上述运算的逆运算，即先减去32，然后乘以5再

高温

非常高的温度，如高温炉内的温度，可以用高温计测量。高温计一般不与高温物体直接接触，而是测量其辐射热量，再应用辐射公式推算出该物体的温度。下图为光学高温计，灯丝被加热到预定热度，根据高热物体的颜色调整灯丝热度，使灯丝颜色和高温物体颜色一致，此时灯丝的温度即为高热物体的温度。

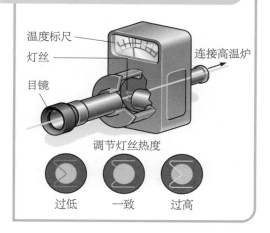

温度标尺
灯丝
目镜
连接高温炉
调节灯丝热度
过低   一致   过高

除以9（或仅乘以0.56），用公式表示为：

$$t = \frac{(F - 32) \times 5}{9} \quad 或 \quad t = (F - 32) \times 0.56$$

例如，将86°F转换为摄氏温度，计算如下：

$$\frac{(86 - 32) \times 5}{9} = 30℃$$

绝对温标和摄氏温标之间的温度换算关系为：摄氏温度＝开尔文温度＋273；反之，开尔文温度＝摄氏温度－273。如果要将华氏温度转换为开尔文温度，则可先将华氏温度转换为摄氏温度，然后再加上273。将开尔文温度转换为华氏温度，逆向操作即可。

科学词汇

热电偶：温度测量仪表中常用的测温元件，由一对不同材料的导线构成。导线的两端分别相连，当两端节点处于不同温度时，电路回路中会有电流流过，该电流被灵敏的万用表测得之后被换算成两端之间的温差。

恒温器：一种保持温度恒定的装置，主要由一个温度敏感元件组成，可用于控制通过加热器的电流或燃料。

最高最低温度计

这种温度计常用于记录天气，显示一段时间内的最高温度和最低温度。管内分别装入水银和无色酒精，由于酒精与水银膨胀系数悬殊，所以当温度上升时，右边玻璃泡中的酒精膨胀，会迫使左边毛细管内的水银上升，水银推动一个弹簧标记物至最高温度处；当温度下降时，酒精收缩，水银回流至右边的管子里，此时，左边管子的弹簧标记物保持不变，而水银推动右边管子内的第二个弹簧标记物至最低温度处。这样，标记物就显示出了该时间段内的最高和最低温度。

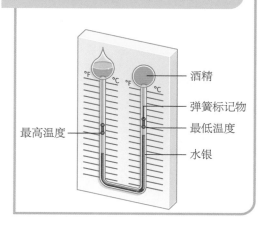

酒精
弹簧标记物
最低温度
水银
最高温度

原子结构、原子和同位素

所有的物质都是由原子组成的。原子是一种非常小的粒子，指甲那么小的范围内含有约1亿个原子；而人体中则大约含有5000万亿个原子。1897年，英国物理学家约瑟夫·约翰·汤姆生（J. J. Thomson，1856—1940）发现，原子中还含有更小的粒子——电子。

电子带负电荷，因此原子中必须有正电荷来平衡电子的负电荷。汤姆生认为，原子的模型为电子镶嵌在一个带正电荷的球体里，就像是葡萄干镶嵌在葡萄干蛋糕里一样。但是后来，新西兰物理学家欧几内特·卢瑟福（Ernest Rutherford，1871—1937）发现，原子的正电荷及其大部分质量集中于球体中心的原子核部分，而带负电荷的电子则分布在原子核周围。原子是通过带正电荷的原子核和带负电荷的电子之间的

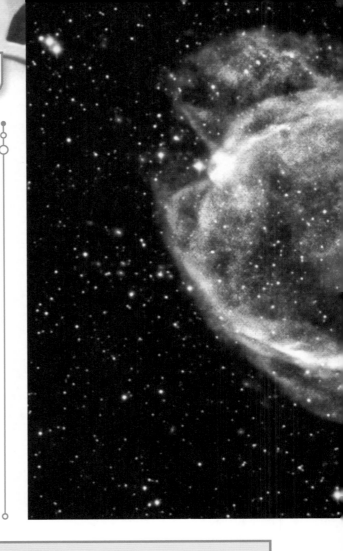

早期的原子模型

早期的理论学家，如约翰·道尔顿（John Dalton，1766—1844），认为原子是没有结构的，为一实心小球。约瑟夫·约翰·汤姆生发现了原子含有带负电荷的微粒——电子，并提出了电子均匀镶嵌的葡萄干蛋糕模型。卢瑟福指出，平衡电子负电荷的正电荷主要集中在原子中心的原子核中，他提出了行星（有核）模型。尼尔斯·波尔（Neils Bohr，1885—1962）进一步提出了分立轨道模型，并计算出了电子轨道的大小。

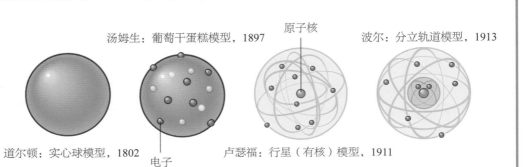

汤姆生：葡萄干蛋糕模型，1897

原子核

波尔：分立轨道模型，1913

道尔顿：实心球模型，1802

电子

卢瑟福：行星（有核）模型，1911

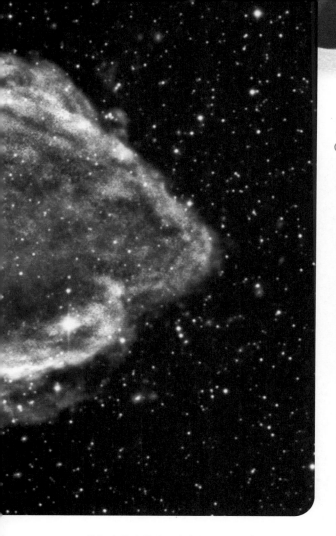

一颗大质量星爆炸形成超新星，将其内核的元素散射开来。这些元素可能成为新恒星及其行星形成的原材料。

电吸引力结合在一起的。

原子核内部结构

后来，实验进一步发现，原子核本身也是由粒子或核子组成的。原子核包含两种类型的粒子，一种是质子，带正电荷，电量和核外电子电量相等。质子的质量几乎是电子质量的2000倍。另一种是电中性的（不带电的）中子。它的质量大约和质子质量相等。质子、中子和电子是在大约150亿年前的宇宙大爆炸中产生的，它们在宇宙形成的最初几分钟里组成了原子。然而，当时只形

构建元素

元素是具有相同质子数（核电荷数）的同一类原子的总称，不同元素的质子数不同。最简单的原子核是氢元素的原子核，它是一个带正电荷的质子。其他元素的原子核含有更多的质子，由不带电的中子连接在一起。质子的数量被称为"原子序数"（下图括号内所示）。通常情况下，带正电荷的质子与核外轨道上带负电荷的电子数量相等，相互平衡，从而使原子呈电中性。

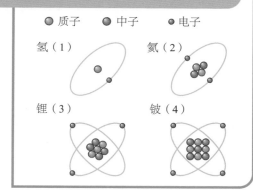

成了最简单和最轻的原子。

从那时起，轻的原子被聚集在恒星中心，随着恒星内部不断发生核聚变，较复杂的重原子不断被制造出来。这就是人体中

科学词汇

电子： 原子中带负电荷的粒子。

中子： 原子核中一种电中性（不带电）的粒子，其质量与质子质量大致相同。在原子核外，它会衰变为一个质子、一个电子和一个反中微子。

质子： 原子核中一种带正电荷的粒子，其质量与中子质量大致相同。质子存在于所有原子的原子核中。

碳、氧、氮和其他原子起源的地方。如果一颗恒星以超新星的形式爆炸，这些较重的原子就会扩散到星际空间中。

原子和同位素

在化学反应中，化学性质相同的原子可能会被证明其原子结构存在差异。原因在于其原子核——它们的原子核含有的质子数量相同，但所含的中子数量可能不同。

地球上大约有 90 种自然存在的、化学性质不同的原子。它们在化学反应中的表现非常不同，有些反应非常强烈，有些则几乎不发生反应。这些化学反应的差异实际上是由原子最外层电子的活跃程度决定的。原子

尼尔斯·波尔

丹麦物理学家尼尔斯·波尔发现了现代原子结构的第一个线索。他假设电子绕着原子核做圆周运动，就像行星绕着太阳运转一样。然而，一个主要的问题是，根据当时存在的电磁场理论，绕核运动的电子将不断向外辐射能量，最终会在零点几秒的时间内螺旋式落入原子核上而使原子变得不稳定。虽然当时波尔也无法解释为什么没有发生这种情况，但是他继续假设电子保持在一些固定轨道上绕核做圆周运动。根据该假设，他计算出了最简单的氢原子的大小和能量，解释了氢原子光谱的不连续性，并因此获得了 1922 年的诺贝尔物理学奖。他的研究工作推动了量子理论的发展，这是一门研究小物体微观运动的物理学。此外，现代量子力学也在他的简单原子结构模型的基础上，发展出更为复杂的现代原子结构模型。

科学词汇

原子序数：一个原子核内质子的数量。在数值上，它等于常态原子中的电子数，同时也是元素在元素周期表中的序号。

同位素：质子数相同，但中子数不同的原子的总称。它们有相同的原子序数，在元素周期表上位于同一位置，但因中子数不同而具有不同的质量数。

同位素的命名

氢的两种稀有同位素有自己的名字——氘和氚。它们分别有 1 个和 2 个中子。大多数同位素，如碳元素的两种同位素，并没有专门的名称。它们是通过元素的名称和质量数来识别的，其中，质量数等于原子核中质子数和中子数之和。

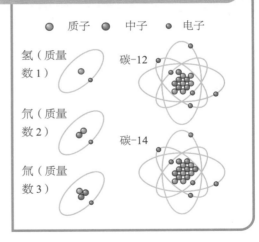

之间因获得、失去或共享最外层电子而结合或分离。原子在化学反应中的行为取决于发生反应的原子中电子的数量，而电子的数量又取决于原子核。通常，原子中的电子数等于原子核中的质子数，因此原子整体上是不带电的。这个数量被称为"原子序数"。例

如，氟原子有9个电子是因为它的原子核里有9个质子。然而，它有很强的获得额外电子的倾向，因为10个电子才能组成一个非常稳定的系统，即不容易被改变的系统。因此，氟原子与其他原子的反应强烈，且它倾向于从中得到一个电子。它与钠的反应尤其强烈，因为钠原子有11个电子，它"试图"甩掉其中1个电子，从而达到10个电子的稳定结构。一个钠原子和一个氟原子结合在一起时，一个电子从钠原子转移到氟原子上，并以放热的形式释放能量。

但是，两个有相同原子序数的原子，却可能在其他重要的方面表现得很不相同。这是因为，虽然它们原子核中的质子数相同且化学性质相同，但它们的中子数可能不同。通常氢原子的原子核仅由一个质子组成，没有中子。但一种罕见形式是氢原子的原子核由一个质子和一个中子结合而成，这种氢原子被称为"氘"。更罕见的氢原子核还可以由一个质子和两个中子组成，被称为"氚"。

探索同位素

一种元素的这些不同形式（质子数相同，中子数不同）就被称为该元素的同位素。它们是由约瑟夫·约翰·汤姆生最先发现的。他发现存在两种氖气（化学性质相同，但质量不同）。之后，他的学生弗朗西斯·阿斯顿（Francis Aston，1877—1945）对同位素进行了系统的研究，他从1919年

试一试

制作重水

氘是氢的同位素，其原子核中有一个中子和一个质子。氧和氢结合形成水（H_2O）。当氧与氘结合时，所形成的化合物被称为"重水"（D_2O）。它之所以被称为"重水"，是因为氘最初被称为"重氢"。所有天然水中都含有一小部分重水（约0.003%）。在本实验中，我们将学习如何增加普通水中重水的含量。

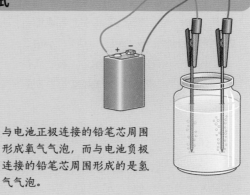

与电池正极连接的铅笔芯周围形成氧气气泡，而与电池负极连接的铅笔芯周围形成的是氢气气泡。

做一做

取一个玻璃罐或烧杯，加满水，再加入5茶匙醋。取两根导线，在其一端夹上鳄鱼夹，并分别连接到两根较粗的铅笔芯的一端，将导线另一端分别缠绕在电池的两极上。把铅笔芯浸入加醋的水中（确保导线的两端不接触）。连好后，将装置放置一会。

如果你仔细观察，你会看到铅笔芯上有小气泡。实际上，在与电池正极（+）连接的一端，生成的气体是氧气；在与电池负极（−）连接的一端，生成的气体是氢气。电流将水分解成了它的组成元素——氧和氢（这个过程称为"电解"）。醋溶液中也有一些重水，但不像普通水那样容易被电解。随着实验的进行，重水含量逐渐增加。同样的方法已经在某些类型的核反应堆重水制造中被大规模应用了。

开始对原子质量进行了精确的测量。阿斯顿制造了一台精密的快速移动离子束测量装置。离子是原子失去或获得一个或多个电子而形成的带电粒子。它们穿过电场时可以被电场加速；穿过磁场时其路径可以在磁场中发生偏转。

在阿斯顿的测量装置中，气体原子被电离成离子，之后离子穿过电场加速，在通过磁场时发生偏转，最终根据电荷和质量而分离开。他的装置被称为"质谱仪"，因为它能像光谱仪分散光束那样将离子束分散。

这些实验表明，氯原子主要有两种类型。其中，大约3/4的氯原子，其质量是氢原子的35倍，而另外1/4的氯原子，其质量是氢原子的37倍。这也就解释了为什么化学家认为氯原子的质量是氢原子质量的35.45倍，因为他们测量得到的是一个平均值。原子的质量用相对原子质量来表示。碳原子最常见的同位素含6个质子和6个中子，其相对原子质量被定义为12，而其他原子的相对原子质量为其他原子的质量跟它的比值，在该标准下，氢原子的相对原子质量为1.008。

稳定与不稳定

要想形成一个稳定的原子核，其中子

试一试

同位素和衰变

有些原子会形成原子核中中子数异常的同位素，而有些同位素自身就是不稳定的。它们将通过一个被称为"衰变"的过程从原子核中喷射出粒子从而再次变得稳定。在本实验中，你将学习制作简单的同位素模型，并观察一个典型的衰变过程。

做一做

准备一些红色和蓝色的黏土球，红色球代表质子，蓝色球代表中子。首先，滚动并组合黏土球，构建氢的3种同位素——氢（H）、氘（D）和氚（T）的原子核模型。这非常简单：氢原子核中只有一个质子，氘原子核中有一个质子和一个中子，氚原子核中有一个质子和两个中子。注意，氘的大小（和重量）是氢的两倍，而氚的大小（和重量）是氢的3倍。

普通的碳原子核中有12个粒子（6个质子和6个中子），也被称为"碳-12"。但是，碳有一种同位素，被称为"碳-14"，它的原

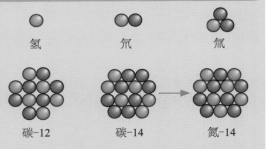

最上面一排是氢的3种同位素模型。第二排的第一个和第二个是碳的两种同位素，被称为碳-12和碳-14。碳-14具有放射性，会衰变成氮-14——氮的普通非放射性形式。

子核中有14个粒子，其中，质子数仍然是6个，但中子数多了2个，总数为8个。用黏土球做一个碳-14的原子核模型。碳-14是不稳定且具有放射性的。当原子核中的一个中子变成质子时，它将变得更加稳定；这种现象被称为"放射性衰变"。要模拟该衰变事件，可以去掉一个蓝色球，并增加一个红色球。你能认出你刚刚造的新原子核吗？它是一个氮原子核（含7个质子和7个中子）。

数至少要和质子数一样，也就是说，要有一个能保持不变的原子核。如果中子数太多或太少，那么原子核就会发生衰变。这个过程会释放出粒子，或者原子核会分裂成两半，形成其他原子核。这个过程可以反复发生，直到形成稳定的原子核为止。一些原子核具有自发放出带电粒子或 γ 射线，或在俘获轨道电子后放出 X 射线，或自发裂变的特性，这一特性就被称为"放射性"。此外，另一种类型的放射性只以辐射的形式释放能量，而不会改变原子核的性质。

低原子序数的原子核中可以存在中子数和质子数相等的稳定原子核，如碳（原子序数6）、氧（原子序数8）和钙（原子序数20）。但是，因为所有的质子都带正电荷，它们会相互排斥，所以较重的原子核常常需要额外的中子来对抗许多质子之间的排斥力，因此这些原子核通常具有一定的放射性。铀最稳定的同位素，其原子序数为92，

科学词汇

离子： 原子或原子团失去或获得一个或多个电子而形成的带电荷的粒子。

质谱仪： 一种根据带电粒子的性质，将离子束中不同质荷比的离子在磁场、电场中分开、检测、记录的仪器。

相对原子质量： 以碳−12原子量的1/12（原子质量单位）为基准的各种元素的相对平均质量。

质谱仪

用高能电子流轰击样品分子，使分子失去电子变成带正电荷的分子离子和碎片离子。带正电荷的离子束通过准直狭缝，在电场和磁场的作用下，不同质荷比的离子做不同半径的曲线运动，最终撞击到照相底片的不同位置，从而得以区分。

弗朗西斯·阿斯顿

1913年，弗朗西斯·阿斯顿在剑桥大学与约瑟夫·约翰·汤姆生合作时，首次发现了同位素存在的线索。他进一步的研究因第一次世界大战（1914—1918）而中断。1919年，阿斯顿在他以前使用过的设备的基础之上做了很多改进，制造了一个仪器。借助这个仪器，他发现了很多化学性质相同而原子质量可能略有不同的元素，它们互称为"同位素"。几乎每一种被研究的元素都有几种同位素。阿斯顿阐明了整数法则，即同位素的质量是氢原子质量的整数倍。阿斯顿把他职业生涯的剩余时间都用来开发高精度的质谱仪。

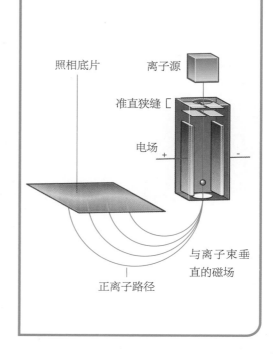

照相底片

离子源

准直狭缝

电场

与离子束垂直的磁场

正离子路径

科学词汇

电磁型同位素分离器： 一种大型质谱仪，用于分离铀的同位素。

离心机： 一种具有快速旋转室的机器，它能产生强大的"人工重力"以分离不同密度的材料。它常被用于浓缩铀以制造核燃料。

电解： 电解质溶液或熔融电解质在直流电作用下发生化学反应的过程。

气体扩散： 某种气体分子通过扩散运动而进入其他气体里的过程。这是一种在核反应堆和核武器制作过程中用于浓缩材料的方法。

这是一个卡留管，即一种质谱仪，设计于 20 世纪 40 年代，用来分离铀的同位素。核物理学家用它来生产大量的浓缩铀235。

有 146 个中子，但即便如此，它的放射性也很弱。

分离同位素

分离同位素是非常困难的，但是为了制造第一颗核弹，这个问题在第二次世界大战期间得到了解决。现今，同样的技术有了无数的和平用途。工业测量、医学诊断和生物学研究等都需要用到特定的同位素。

科学家一发现同位素的存在，就需要先将它分离，以便进行研究。然而，这并不容易，因为一种元素的同位素在化学性质上是相同的，所以给定的化学过程也会以同样的方式受到影响。

质谱仪是为大规模过程开发的。含有同位素混合物的物质被电离，离子束通过电场和磁场。在电场和磁场中，质量较小的离子

两种同位素分离方法

在离心分离法中，气态同位素混合物作为供料被送入离心机中，之后返回一路较轻同位素的精料气流和一路较重同位素的贫料气流。

在气体扩散分离法中，每一扩散级产生的贫料被送入下一级继续富集，而精料则被送回上一级继续循环。

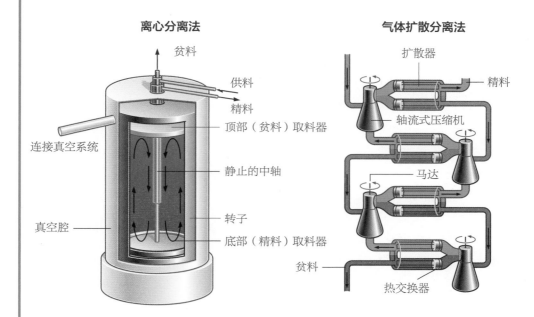

离心分离法

贫料
供料
精料
顶部（贫料）取料器
连接真空系统
静止的中轴
真空腔
转子
底部（精料）取料器

气体扩散分离法

扩散器
精料
轴流式压缩机
马达
贫料
热交换器

在离心分离法中，气态同位素混合物进入一个快速旋转的离心机中。由于所受的离心力强度更大，较重的同位素被抛到旋转室的边缘，而较轻的同位素则富集在静止的中轴附近，使得同位素发生径向分离。分离后的同位素气流通过两个取料器后分别从离心机的中心和边缘被收集。

在气体扩散分离法中，铀与氟结合，使气体铀变成六氟化铀，并通过多孔膜扩散。铀-235 轻分子气体更快地穿过多孔膜壁，进入膜管，随后被送入下一级，而留在膜管中的气体则返回较低级再循环。在每一膜滤级中，铀-235 的浓度都会略有提高，经过数千次循环后，铀-235 的比例得以大幅提升。最后，再用电磁分离法（带电轻同位素和重同位素在磁场中做圆周运动的半径不同）进行最终富集。

更容易偏移，进而使得离子束分离。第一个在大范围内成功分离同位素的人是美国化学家哈罗德·尤里（1893—1981）。1932 年，他从常见同位素中分离出了稀有的氢同位素，即氘和氚。他是通过电解水做到这一点的，也就是说，通过电流将水分解成氢和氧。释放的氢会起泡，但较重的氢同位素分解得慢一些。因此，留下的水中含有少量的稀有同位素。

质量和重量

在地球上的任何地方，物体的质量都保持不变。即便是物体被发送到月球上或搭载火箭到达太空，它的质量也不会变化。然而，物体的重量是会随着局部重力的变化而变化的。

质量是衡量一个物体中物质数量的指标。这就是为什么物体的质量会保持不变且和它在何处无关。但一个物体的重量是指地球（或任何其他附近的行星）的引力作用在物体上的力。因此，物体的重量取决于它与地球（或其他行星）的距离。比如，在海拔较高的山上，物体的重量就比它在海平面上时稍微小一些。同样的物体，在月球表面的重量只有在地球表面重量的1/6。

这是因为月球的引力只有地球的1/6。质量的科学单位是千克（kg）；重量的科学单位是牛顿（N）。物体的重量等于其质量乘以重力加速度（也被称为"自由落体加速度"）。在地球表面时，该值约等于9.8米/秒²（9.8m/s²），所以重量（牛顿）和质量（千克）之间有一个简单的关系：

$$重量 \approx 9.8 \times 质量$$

因此，一个质量为50千克的人的重量约是490牛顿。同一个人在月球上的重量只有约82牛顿，而在木星上他的重量则高达1294牛顿。

每天的体重

科学家们总是非常小心地区分质量和

试一试

是否重的物体比轻的物体下落快？

铁炮弹和轻羽毛，哪个落得更快？用硬币和纸盘就可找出答案。

做一做

取一张纸板和一枚硬币，从纸板上剪下一个略小于硬币的纸圆盘。两手分别拿住硬币和纸圆盘，侧平举并掌心向下。同时放开纸圆盘和硬币，看看哪个先着地？

你会发现，纸圆盘确实下降得更慢，但这不是因为它更轻。它是因为空气阻力而变慢的，就像是"飘浮"在空中似的。如果没有空气阻力，这两个物体会以同样的速度下落。美国国家航空航天局的一名宇航员证明了这一点，他曾在没有空气的月球表面使一把锤子和一根羽毛从同样高度同时落下。这两个物体是同时落地的。

现在，把纸圆盘放在硬币上面，抓住硬币边缘，不要碰到纸盘，再次侧平举，让两者一起下落。你会发现，这一次纸圆盘和硬币是一起移动并同时落地的。这是因为，硬币上方的空气压力使纸圆盘一直保持在硬币上方，就像纸圆盘搭乘了下落硬币的"便车"一样。

用一本书和一张剪得比书略小的长方形纸盘重复该实验。把纸平放在书上面，然后侧平举，放手，让它们一起下落，观察下落情况。

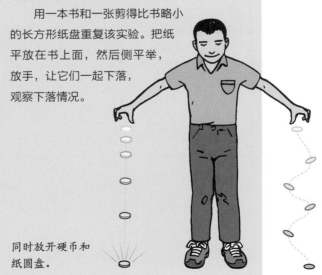

同时放开硬币和纸圆盘。

第一架航天飞机于1981年4月12日发射。美国国家航空航天局（NASA）的航天飞机（1981—2011）配备了强大的火箭发动机，可以摆脱地球引力进入太空。

科学词汇

加速度：描述运动物体速度变化快慢的物理量。它是一个矢量。

牛顿：力的单位，是SI导出单位。1N相当于使质量为1kg的物体，获得$1m/s^2$的加速度所需要的力。

重量：物体所受重力的大小。

重量，但这种区别在日常生活中并不那么重要。体重原本指称量得到的身体重量，但事实上，我们常用质量单位来表示重量。我们会说一个人的体重是50千克，他买的土豆的重量可能是5千克。

有时，我们还需要从一种质量/重量系统转换到另一种。例如，将千克转换成磅（1b），需要乘以2.2，因此，50千克就是110磅；要将磅换算成千克，则需要除以2.2。

称重设备

最早的称重设备是天平。如今，在科

冲淡重力

为了研究下落物体的速度变化情况，意大利科学家伽利略·伽利雷（Galieo Galilei，1564—1642）进行了著名的冲淡重力实验，即使小球从有刻度的光滑斜坡上滚下，测量小球在相同时间间隔内滚动的距离。他发现，虽然小球越滚越快，但小球滚动的速度是随时间均匀增加的。

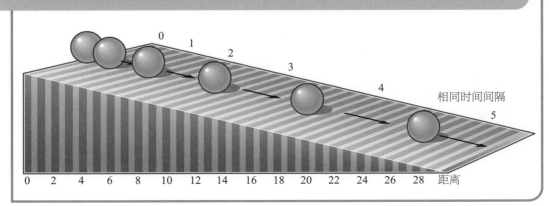

科学词汇

重心： 地球对物体中每一微小部分引力的合力作用点。

力： 物体之间的相互作用，是使物体改变运动状态或发生形变的根本原因。

学研究和工业生产中仍会使用天平。天平主要由一根可绕其中心支点转动的水平横梁组成，当横梁两端物体重量相等时，横梁达到平衡。横梁的两端通常挂着或托着一个盘子。测量时，将待测物体放在一端的托盘中，然后在另一端的托盘中逐渐加入已知重量的物体（砝码），直到横梁平衡，此时便可获知待测物体的重量。例如，想要称出1千克大米，可以把1千克的砝码放在天平一端的托盘中，然后在另一端的托盘中逐渐倒入大米，直到横梁平衡。当然，这种称重方法并不能真正获得某物体的实际重量。

举重运动员在地球引力作用下用力举起重物。如果在月球上，他会发现举起同一物体容易得多。

实际上，天平比较的是两个物体的质量，这种平衡比较法在月球上同样适用。然而，弹簧秤却有所不同。大部分厨房用的机械秤是弹簧秤，其主要结构包含一个垂直的螺旋弹

引力和光线

引力场可以使光线弯曲。当来自遥远天体的光线通过另一个星系两侧时，星系强大的引力会使光线弯曲。此时，地球上的观测者看到的是同一遥远天体位于星系两侧的两张图像，而不是遥远天体本身（该图不是按比例绘制的）。

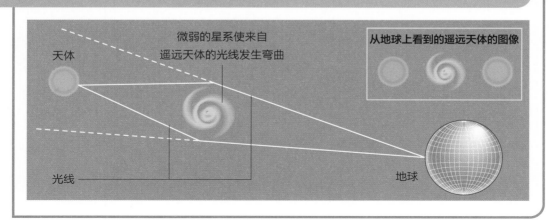

天体

微弱的星系使来自遥远天体的光线发生弯曲

从地球上看到的遥远天体的图像

光线

地球

簧和弹簧顶部可压住弹簧的托盘。测量时，待测物体被放入顶部托盘内，使得托盘下的弹簧运动，从而带动指针指示出刻度盘上的读数。该装置测量的是重力对物体质量的影响。因此，它是一个测力计。物理实验室中也使用类似的装置，被称为"牛顿计"。弹簧秤测量的是物体的重量，因此，如果同样的物体在月球上以同样的方式称重，那么它的重量仅为地球上重量的1/6。

重力

任何两个物体之间都存在一种被称为"万有引力"的相互吸引的力。万有引力的产生是因为物体都有质量。重力仅仅是物体和地球之间的引力。当你扔下某种物体时，正是这个力才使物体落到了地面上。任何两个物体之间引力的大小取决于它们的质量和它们之间的距离。用数学术语描述就是，引力与它们质量的乘积成正比，与它们之间距

伽利略

天文学家、物理学家伽利略·伽利雷，出生于意大利比萨。他的主要研究课题之一是重力。观察比萨天主教堂天花板上来回摇摆的灯时，他意识到这种摆动是有规律的，并且可以用于计时。钟就是根据这个规律制造出来的。他通过从比萨斜塔上扔下重物和从斜面上滚下小球的实验来研究落体运动。伽利略还制造了最早的望远镜之一，他用它们发现了月球凹凸不平的表面、太阳黑子和木星的4颗卫星等。他还证实了哥白尼的"日心说"，即地球是绕太阳运行的，而不是当时人们认为的太阳绕地球运行。

扭秤

英国物理学家亨利·卡文迪许（Henry Cavendish，1731—1810）于1789年发明了扭秤，验证了牛顿万有引力定律的正确性。他将两个金属小球系在长木棒的两端，并用金属线将木棒悬吊起来，就像哑铃一样；再将两个较大的金属球放置在离两个小球相当近的地方，引力将两个小球吸引到两个大球上，使金属线发生扭转。结合微小扭转量测量装置，卡文迪许计算出了万有引力常数的值。

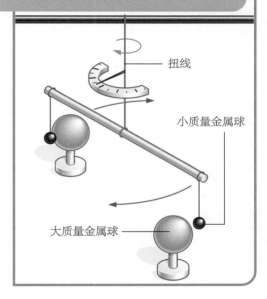

扭线

小质量金属球

大质量金属球

离的平方成反比。因此，它们靠得越近，彼此之间的引力就越强。如果两物体的质量分别为 m_1 和 m_2，它们之间的距离为 d，则它们之间的引力可以表示为：

$$F = \frac{Gm_1 \times m_2}{d^2}$$

其中，G 为万有引力常数。该方程描述了平方反比定律，即某种物理量（这里是力）的分布或强度随距离的平方而线性衰减。

落体运动

当一个物体受重力作用无初速度地降落时，它会以恒定的速度降落，还是会变得越来越快呢？换言之，它会加速吗？这个问题一直困扰着早期的科学家，直到伽利略做了一些实验才得以解决。

伽利略的冲淡重力实验表明，一个从斜坡上滚下的小球，其速度是持续增加的——换句话说，它在加速。伽利略还发现，每一个自由落体都有相同的加速度。现在，该加速度被称为"重力加速度"，它的大小约为 9.8 米/秒^2。

据说，伽利略还曾尝试测量一颗从比萨斜塔上落下的炮弹的加速度。第 27 页的图显示，如果伽利略能够进行这样的计算，他将会得到这样的结果：炮弹的速度在 1 秒后达到 9.8 米/秒，2 秒后达到 19.6 米/秒，以此类推。速度增加，但加速度不变。

终极速度

实际上，一个物体在空中下落的速度并不会越来越快，因为空气会阻碍物体向下运动。这种向上的空气作用力，被称为"空气阻力"。随着物体下落速度的加快，空气阻力也会增加，所以，最终物体的下落

速度将趋于一个终极速度，之后便不能更快了。大多数物体下落的终极速度能达到约 54 米/秒。想想冰雹如果下落得再快一些，会造成多大的破坏！

面积越大的物体受到的空气阻力越大，而面积越小的物体受到的空气阻力越小。这就是降落伞的工作原理，当降落伞打开时，空气阻力增加，下落者开始减速。这一原理可以用一张纸片来验证。扔下它，它

科学词汇

空气阻力：一种力，也被称为"风阻"，用来抵抗物体在空气中的运动。一般可以通过流线型设计来减弱它的影响。

终极速度：重力作用下物体下落的最大速度。

跳伞者在约12秒后达到终极速度，大约54米/秒。然后，他们以这个恒定速度下落，直到打开降落伞开始快速减速，最终，以大约6.3米/秒的速度到达地面。

会因为向上的空气阻力而飘到地面上。但如果将纸片揉成一个紧密的球，那么它会下落得更快，因为其所受的空气阻力要小得多。

在重力作用下下落的物体被称为"自

重力加速度

下图给出了一个物体从比萨斜塔上落下后前3秒内的下落情况。它的速度在增加，但重力加速度保持9.8米/秒^{2}不变。

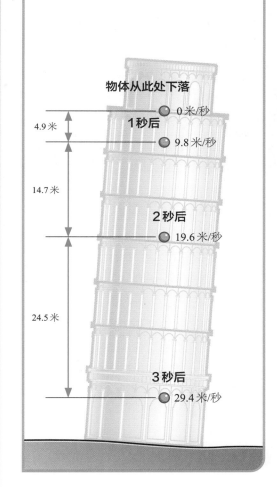

物体从此处下落
0 米/秒
1秒后
9.8 米/秒

4.9米

14.7米

2秒后
19.6 米/秒

24.5米

3秒后
29.4 米/秒

由落体"。重力加速度也被称为"自由落体加速度"，它的符号是 g，它在许多与力学有关的物理公式中出现过，如钟摆摆动时间的计算公式和水下压力的计算公式。

矢量和标量

　　物理学中的大多数量是用一个数字和某个单位来表示的，如25千克或110伏特。上述的这些量被称为"标量"。但是，速度为50千米/时和朝芝加哥方向行进的速度为50千米/时有什么区别呢？实际上，第一个（速度）是一个标量，但第二个（速度）是一个矢量。

　　矢量有明确的方向，而标量是纯数。一个给定的量可能是两者之一，但有时这种差异非常重要。如果你告诉救生筏上遭遇海难的水手，离他们4.8千米远的地方有一个岛屿，他们可能会松一口气。但对他们来说，如果知道该岛屿是在北方4.8千米远处，那就更有用了。这样他们就知道该往哪个方向划救生筏了。"4.8千米"是一个标

空中交通管制员使用矢量来指示飞机的位置。他们需要知道飞机离我们有多远以及在什么方向上。矢量被绘制在屏幕上。

科学词汇

标量：有大小但没有特定方向的量（不同于矢量）。常见的标量有速率和质量。

矢量三角形法则：一种矢量相加的方法。第一个矢量被画成一条夹角正确的线，线的长度代表它的大小。第二个矢量从第一条线的末端开始画，同样根据正确的角度和长度画。第三条线连接第一条线的起点和第二条线的终点（成三角形），给出最终矢量和的大小和方向。

量；而"向北4.8千米"是一个矢量。物理学中有些量是矢量，包括速度、加速度和大多数力。

矢量相加法则

标量相加很简单。一根0.9米长的绳子加上一根1.2米长的绳子，总长度为2.1米（忽略用来打结部分的绳子）。矢量相加则更加复杂。如果把一辆车往东推9米，然后再往南推12米，车会停在哪里？答案是在距离起点差不多15米的东南方向处。请注

意，车并没有被推出21米那么远，如果你只是单纯地将两个数值相加，那么你得到的结果就是21米。显然，这次的数学问题更加复杂了，并不是简单的数值相加。

矢量相加的一种方法是画一个平面图。线的长度表示矢量的大小，线的方向为矢量的方向。从第一条线的末端沿第二个矢量的方向画第二条线，同样用长度表示大小。从第一条线的起点向第二条线的终点画一条线，就表示两个矢量的和及其方向。这被称为"矢量三角形法则"。

三角形法则和平行四边形法则

矢量三角形法则（如右图所示）展示了如何将矢量相加，在本例中是将两个力相加。将一个方向的力 F_1 和另一个方向的力 F_2 组合在一起（箭头的长度表示力的大小），产生的效果被称为"合力"。三角形的第三条边表示合力的大小和方向。

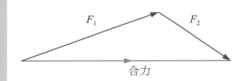

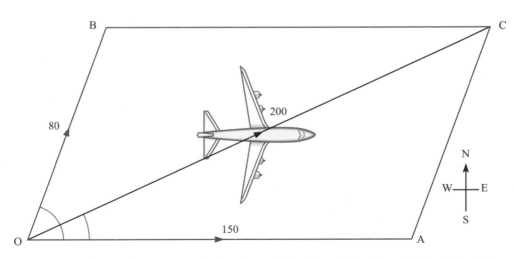

问题：一名飞机领航员想让飞机从O地到C地飞行322千米，但是从O地到B地的航线上有北风，领航员应该怎么设定航线呢？正确的做法是先向正东，即朝A地飞，再朝C地飞。最终，根据矢量平行四边形法则，实际上飞机会如预期那样沿从O地到C地的直线飞行。

力和加速度

力是使物体移动或停止的原因。物体移动的难易程度取决于它的质量。运动的物体有一定的速度，如果它的速度改变，它就具有了加速度。力、质量和加速度是相互关联的。

力可以使物体移动、停止、移动得更快或更慢，也可以改变物体移动的方向，还可以改变物体的形状。例如，拉伸橡皮筋或折断铅笔，都需要施加力。

许多力与物体的相互接触有关。但是，也有一些相互作用力是远程的，即不需要相互接触，例如把物体拉向地球表面的重力、磁铁吸起铁钉时产生的磁力、电荷之间的相互作用力等。几乎所有的物理学都与力有关，但当力与移动有关时，力最为明显，科学家称物体的移动为"运动"。如果一个球在地面上滚动，它不会永远滚动下去，它很快就会减速并停下来。你有没有想过这是

艾萨克·牛顿

艾萨克·牛顿爵士是英国数学家、天文学家和物理学家。他出生在英国林肯郡，1661 年进入剑桥大学学习。1669年，他成为剑桥大学数学系教授。在数学方面，牛顿发展了微积分理论；在天文学上，他制造了最早的反射望远镜之一，并利用万有引力定律算出了月球是如何绕地球运行的，这对物理学的发展有重大意义；在光学方面，他让阳光通过一个玻璃三棱镜生成了太阳光谱；他还提出了著名的三大运动定律。1705 年，他成为第一位被封为爵士的科学家。去世后，他被安葬在伦敦的威斯敏斯特教堂。

当冰球运动员击中冰球时，冰球会在冰面上滑动，根据牛顿运动定律，如果没有摩擦力使它减速，那么它会一直滑下去。

为什么呢？

运动定律

17 世纪，英国科学家艾萨克·牛顿（Isaac Newton，1642—1727）研究了物体为什么会运动，并提出了一套适用于所有运动物体的运动规则。这些规则共同构成了牛顿运动定律。第一定律指出，任何物体都会保持静止或匀速直线运动状态，直到外力迫使它改变运动状态为止。根据第一定律，球从静止状态开始滚动，是因为它被施加了力。然后球停止了滚动，这也是因为它受到了另一个力的作用。在这种情况下，第二个

反作用力

作用力

步枪射击者演示了牛顿的第三定律。开火时，一种力（作用力）使子弹加速前进。与此同时，步枪被向后推，射击者会感受到突然的后坐力（反作用力）。

试一试

火箭气球

火箭内部的气体在压力作用下向四面八方推进，但是它们唯一能释放压力的方式是通过火箭尾部的喷嘴喷气。反作用力向相反的方向推动，正是这个力使火箭向前移动。在本实验中，你将尝试用反作用力把气球变成火箭。

做一做

准备一根吸管、一段3.5米长的绳子、一个气球、两把椅子和胶带。首先，将吸管切成两段（扔掉其中一段）。两把椅子椅背相对，间隔约2.5米，将绳子穿过吸管，两端分别系在两个椅背上。把椅子继续分开，直到绳子被拉紧。把气球吹起来，封紧进气口。用胶带将气球粘贴在吸管下方，使其进气口朝向一侧的椅背。松开进气口，你会发现，气球会在释放气体的动力下沿着绳子喷射出去，就像火箭发射一样。

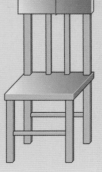

压缩空气的释放为气球（火箭）沿着绳子（轨道）飞行提供了动力。

力是球和地面之间的摩擦力。这就是球在光滑的表面（如大理石、木地板）上比在粗糙的地面（如地毯）上滚得更远的原因。

第二定律涉及加速度——运动物体改变速度的速率。这个定律常见的表述是物体所受的合力等于物体的质量乘以它的加速度。也就是说，如果某个物体被推动（被施加力），那它将以一定的速度移动。然而，要使它移动得越来越快，就必须不断地施加力。例如，要使在特定轨道上以恒定速度运行的航天器从月球返回地球，就必须先降低其运行速度，增强地球引力作用的影响，之后该航天器会在地球引力作用下不断下降，并加速向地球运动。严格地讲，这里应该使用"速率"一词，而不是"速度"（"速率"是指在某一特定方向上的速度）。

第三定律涉及两个物体的相互作用。当一个物体对另一个物体施加力时，第二个物体也会对第一个物体施加同样的力，只是方向相反。第一个物体对第二个物体施加的力被称为"作用力"，第二个物体对第一个物体施加的力被称为"反作用力"，这个定律有时也被表述为"相互作用的两个物体之间，作用力和反作用力总是大小相等、方向相反、在同一直线上。"

当一本书掉落时，重力是使它掉落的作用力。这本书和地球之间也有一个大小相等的反作用力，但由于地球的质量比书的质量大得多，所以这种反作用力很难被探测到。相对而言，地球和月球之间的相互作用力更容易理解。地球引力拉着月球，使它保持在自己的轨道上运行。反之，月球的引力也吸引着地球上的海水，导致了每天的潮汐现象。

第三定律的另一个典型例子是火箭。火箭燃料燃烧生成的炽热气体膨胀，并通过火箭尾部喷管向后快速喷出，这些向后喷出的炽热气体会对火箭产生反作用力，从而推动火箭向前飞行。

一架飞机以恒定的速率从美国华盛顿特区飞往菲尼克斯，虽然速率的数值不变，但是每次改变方向时，其速度都会发生变化。速度是飞机在特定方向上速率的度量。

华盛顿特区

菲尼克斯

惯性和动量

重的物体总是比轻的物体更难移动。这是因为它的质量或惯性更大。惯性可以理解为物体具有保持其自身运动状态不变的特性。例如，如果行驶中的汽车突然刹车，由于惯性作用，乘客会继续保持向前的状态而前倾，除非被安全带拉住。

启动和停止

有的赛车由于行驶过程中速度太快，甚至需要配备减速伞才能安全停下，如下图所示。当一辆赛车启动时（a），汽车发动机提供向前的动力，使汽车克服和地面的摩擦力而开始向前运动。在行驶过程中（b），尽管存在一些风阻，但汽车发动机持续提供向前的动力，汽车仍能继续加速。在停止时（c），驾驶员关掉发动机并释放减速伞，减速伞帮助提供更大的风阻，使得汽车减速，直到停止。

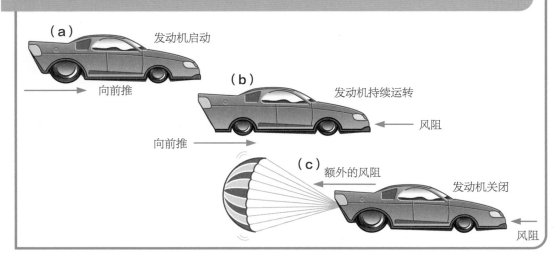

（a） 发动机启动

向前推

（b） 发动机持续运转

← 风阻

向前推 →

（c） 额外的风阻 → 发动机关闭

← 风阻

物体一旦运动，就有了动量，动量等于物体质量与其速度的乘积。一个运动物体，质量越大或运动得越快，其动量就越大。要证明惯性和动量之间的区别是很容易的。如果你小心翼翼地把一块砖放在脚上，脚趾抬起的难度增加，这是由于惯性增加了。但是，如果砖头掉下来砸到了脚上，脚就会受到很大的伤害——这就是动量作用的结果！一个快速移动的小质量物体可能比一个缓慢移动的大质量物体具有更大的动量。例如，理论上一颗子弹也可以具有足够大的动量而阻停一辆正在移动的汽车。这是因为子弹虽然质量较小，但是速度足够快，其具有的动量可能大于汽车的动量。

第二和第三定律预测，当两个物体相互碰撞时，碰撞前后的总动量是相同的。这种说法通常被称为"动量守恒定律"。这一定律解释了日常生活中的很多现象，尤其是体育运动方面的现象。打台球或冰球的人在计算击打台球或冰球的角度和路线时就会用到动量守恒定律。和速度一样，加速度也是一个矢量，由一个数字（表示值的大小）和一个方向给定。加速度是以米/秒^{2}为测量单位的。速率是一个标量。它由一个没有方向的数字和单位组成，如"900千米/时"。

科学词汇

惯性： 物体的一种特性，表现为物体对其被移动或运动状态变化的一种阻抗程度。牛顿第一定律是这一特性的体现。

动量： 物体质量与其速度的乘积。

试一试

击打棋子

该实验依赖于物体的惯性，目标是在不触碰或打翻一堆棋子的情况下，将底部棋子从棋子堆中移除。

做一做

取9个棋子，整齐地堆放在光滑的玻璃桌面上。把第10个棋子放置在距离棋子堆约2.5厘米远处。瞄准，用食指和拇指快速地朝棋子堆最底部的棋子方向弹出第10个棋子。你会发现，底部的棋子会从侧面射出，而其他棋子并没有倒下，依然堆叠在桌面上。用尺子边缘抽打底部棋子也可以实现同样的效果。

惯性是静止物体不愿意移动的特性。在该实验中，惯性阻止了其他棋子的移动，即使底部的棋子已经被强行侧向移动了。如果你熟练掌握了用尺子敲击棋子堆的技巧，你也可以在不干扰其他棋子的情况下，击打出棋子堆中任何位置的棋子，而不仅仅是底部棋子。

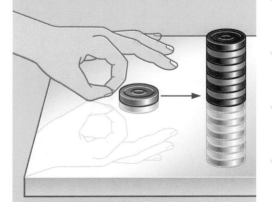

向棋子堆底部用力弹出一个棋子（或用尺子边缘敲击棋子堆底部的棋子）。

圆周运动

到目前为止，我们主要考虑了物体做直线运动的情况，以及作用在其上的各种力。如果一个物体在一条弯曲的路径上移动，尤其是当它在一个圆形路径中来回移动时，其适用的规则就稍有不同了。

我们知道，速度是一个矢量。先想象一下，一个物体在某个方向上以某个速率移动（也就是说，它有某个速度），此时，如果给它施加一个力（如给它一个侧向推

乘坐这种旋风旋转椅的人感觉自己好像要被甩出去了。事实上，这是因为在他们绕中心轴旋转的过程中，他们的速度是不断变化的。

力）来改变它的运动方向而不改变速率，那么，它的速度也会发生变化。这等于说它获得了一个加速度。虽然一开始这似乎难以理解，但是某个物体的确可能在不改变速率的情况下获得加速度。

想象一下，一块石头被拴在绳子的末端，绕着头顶水平匀速旋转。它的速率是恒定的，但因为它的方向在不断变化，所以它一直处在加速状态中。此时，使石头加速的力是绳子的拉力，拉力的方向在任何时候都与石头的运动方向成直角，并向内指向圆心。物理学家称这种力为"向心力"。

卫星

艾萨克·牛顿发现，一个物体围绕另一个物体做圆周运动时，涉及一个力。那

反馈控制

控制发动机转速的机械装置，特别是在蒸汽发动机中，被称为"离心调速器"，其利用了圆周运动原理。启动后，机器的驱动力通过皮带（1）传动到离心调速器的转轴上，带动轴顶部的配重钢球（2）旋转。由于离心运动，配重钢球会上升（3）。这一动作会使得中轴上的套筒带动连杆（4）上升，从而降低发动机功率使其减速。当速度过低时，重量下降，配重钢球回落，从而提高发动机功率，使发动机保持恒定转速运行。

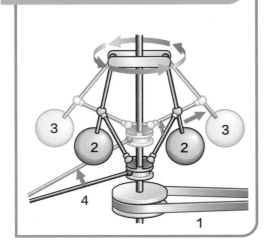

科学词汇

向心力：使物体保持圆周运动的、指向圆心的合力作用。离心力是一种与向心力相反的力，它使做圆周运动的物体向外运动并远离其路径中心。

么，是什么力使得月球绕地球运行呢？答案就是地球和月球之间的引力。在某种程度上，月球在绕地球做圆周运动时总会向地球方向坠落。但是，它不断滑落，又不断改变运动方向，如此往复，至今已经持续约4.5亿年了。

所有环绕行星运行的人造卫星，都具有类似的运动方式，即在它们所环绕天体的引力作用下做圆周运动。要将在轨卫星提升到更高的轨道，必须给它更高的速度（通常通过发射卫星的火箭发动机获得）。当一个卫星减速时，比如因它和地球大气层之间的摩擦而减速时，它就不能再停留在轨道上了，而会快速地朝着地球螺旋式下降。

链球运动员

链球运动员两手握着链球上的铁链把手，人带动链球旋转，使得链球在沿链条指向圆心的向心力作用下产生圆周加速度。最后，当运动员松开铁链把手时，链球会朝着它被释放时的运动方向飞出去。

向心力

试一试

脱水

当物体沿圆形路径快速旋转时，有一个力试图把物体推向中心。这个力被称为"向心力"，这也正是洗衣机脱水背后的原理。当洗衣机脱水时，湿衣服在脱水桶内高速旋转，因为水滴做圆周运动所需的向心力大于水滴附着在衣物上的附着力，所以水滴通过滚筒上的小孔被甩了出去，就像投掷链球一样。本实验将展示向心力。

做一做

取一个大的搅拌碗、一个小碗和一个洗碗刷。在大搅拌碗中倒入约10厘米深的水。将小碗放入大搅拌碗中，并使其浮在大碗的水面上。向小碗中倒入少量水，约1厘米深。把洗碗刷放入小碗里，用它旋转小碗（如果没有洗碗刷，用食指也可以）。持续旋转，直到小碗转得很快。

你会观察到，随着旋转速度越来越快，旋转小碗中的水会沿着小碗壁升起来，直到小碗底部不再有水。当小碗的旋转速度降下来时，小碗里的水又会沿着小碗壁落回碗底。旋转小碗中水的行为和洗衣机脱水时衣服中水滴的行为，遵循同样的原理。

小碗持续旋转，观察到小碗中水面上升。

摆的运动

摆总是绕着以悬挂点为圆心、摆绳长度为半径的圆弧路径往复摆动。摆中有两个可以调整的量，分别是摆绳长度和摆球质量。其中，只有一个量即摆绳长度，会影响摆动的周期。

关于摆近乎完美的规律运动有一个故事。传说在 1582 年，当时还是学生的意大利科学家伽利略在比萨大教堂做弥撒时，看到教堂顶上的吊灯随风摆动。当时他没有手表，便以自己的脉搏作为参考，测量了吊灯摆动的频率。

伽利略发现，每盏吊灯都在有规律地摆动，长链条上的吊灯摆动得比短链条上的慢，但它们一来一回的时间是固定的。他还想知道重的吊灯是否比轻的吊灯摆动得慢。由于他不能称量这些灯，于是回到家后他用一根绳子和一个铁球制成摆做了一些实验。

1851 年，法国物理学家莱昂·傅科（Léon Foucault，1819—1868）在巴黎先贤祠的穹顶上安装了一个摆（"傅科摆"），并进行了一项著名的实验，用来证明地球的自转。

引入重力

通过实验伽利略发现，摆完成一次完全摆动，即摆从一侧最高点落下，穿过中间最

长度和质量

伽利略发现，只要摆维持小角度摆动，改变摆锤的质量（绳子末端铁球的重量）对摆动的周期是没有影响的；而改变摆绳的长度时，摆动的周期也会发生改变。当把摆绳的长度缩短到原来长度的四分之一时，摆动的周期缩短为原来的一半。

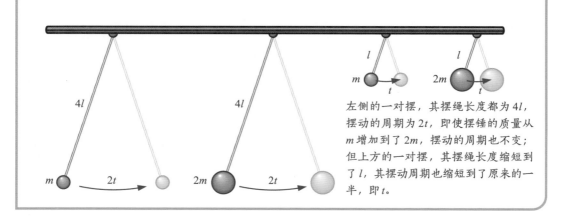

左侧的一对摆，其摆绳长度都为 $4l$，摆动的周期为 $2t$，即使摆锤的质量从 m 增加到了 $2m$，摆动的周期也不变；但上方的一对摆，其摆绳长度缩短到了 l，其摆动周期也缩短到了原来的一半，即 t。

低点到达另一侧最高点，再回到起始侧最高点，所用的时间总是一样的，且摆的运动周期 t 与摆的长度 l 的平方根成反比，公式如下：

$$t = 2\pi\sqrt{\frac{l}{g}}$$

其中，π 为圆周率，g 为重力加速度。

摆的用途

摆的第一个重要应用是制造等时性计时器。伽利略提出了这一点，荷兰科学家克里斯蒂安·惠更斯（Christiaan Huygens，1629—1695）做了进一步改进，于 1656 年制造了第一座摆钟。

摆钟主要由钟摆、擒纵机构、表盘和指针组成。其中，擒纵机构是摆钟最重要的调节器，主要由一个带尖齿的擒纵轮和一个锚状结构（称为"擒纵叉"）组成。在发条等装置的驱动下，擒纵轮倾向于做旋转运动，当它旋转时，轮齿会给摆钟一个小推力，带动时钟的其他齿轮旋转，而擒纵叉限制了擒纵轮的旋转，使其每次只释放一个轮齿，因此擒纵轮被迫一点一点地旋转，每次的转动角度和所需时间保持不变，从而使得指针精确、等时地一点点向前移动，进而指示时间。

试一试

小角度摆动

将一根绳子一端固定，另一端悬挂一个重物，这样就构成了单摆。本实验将研究如果改变重物的质量，单摆会发生什么；如果改变摆绳的长度，单摆又会如何变化。

做一做

取一根长度与桌面高度相当的绳子、两把尺子。将两把尺子叠放在一起，将绳子一端置于两尺中间靠近尺子一端的位置，绑紧尺子的两端。这样设计是为了通过在两尺之间拉动绳子来改变绳子自然下垂端的长度。

把尺子放在桌面上，使固定绳子一端伸出桌面，绳子自然悬垂在桌子侧边。用一本很厚的书压住尺子，使其不能随意移动。现在，你可以在绳子自然下垂端绑上重物，这样一个简易单摆就制作完成了。

首先，试试小垫片。把它绑在绳子末端，朝一侧拉起一个小角度，然后放开。数一数它在 10 秒内摆动的次数。数摆动次数时，如果你有一个助手帮助计时 10 秒，那么操作起来会更容易些。把答案记下来。更换一个较重的重物，重复实验，再次记录 10 秒内的摆动次数。

取另一个重物，比如橡皮擦，将其绑在绳子上。这一次，通过拉动绳子来改变绳子自然下垂端的长度，再次计算单摆在 10 秒内的摆动次数。整理你的记录，你会发现，在相同时间内，当你改变绳子末端重物的质量时，摆动的次数不会改变；但是，当改变自然下垂端绳子的长度时，摆动的次数会有所不同。事实上，如果你把自然下垂端的长度缩短到原来长度的 1/4，你会发现，单摆的摆动速度将是原来的两倍（就是说周期变为了原来的一半）。

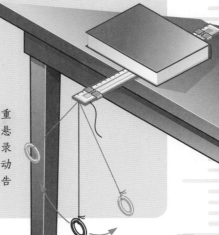

使用不同质量的重物和不同长度的悬挂绳，并分别记录相同时间内的摆动次数。你的发现告诉了你什么？

能量、功和功率

能量、功和功率这3个科学术语是最容易被混淆的。能量是指物体对外做功的量度，其研究对象是物体；而如果物体在力的作用下发生了位移，我们就说这个力做了功，其研究对象是某个力；功率是指做功的速率，即单位时间内物体做功的多少或能量变化的快慢。能量以多种不同的形式存在。

当结束一天的工作，精疲力竭地回到家时，如果还被要求做家务，我们可能会说："不行，我没有精力了。"从科学的角度而言，这一表述是相当准确的。能量是物体在某种状态上的基本属性，使物体能够对外做功。能量有各种各样的形式。它既不会凭空产生，也不会凭空消失，能量的总量是保持不变的，这就是能量守恒定律。但是，我们可以使用能量，在使用过程中，能量可以从一种形式转换为另一种形式。

人体活动所使用的能量来自食物。食物本质上是化学物质的混合物。人体内的消化过程将它们转化为其他化学物质，如葡萄糖。当我们对外做功（活动）时，我们的肌肉会消耗葡萄糖来提供能量。

各种形式的能量

势能是物体因所处的位置而拥有的能量。例如，放置于书架上的一本书就存储了能量（由于其相对于地面具有一定的高度），该能量被称为"重力势能"。它看起来可能

各种形式的能量

能量以多种形式存在。以下展示了9种不同形式的能量，时钟中上紧的发条所具有的势能，以及原子弹爆炸所释放出的巨大核能，都是某种形式的能量，其中原子弹核能释放的同时往往还伴随着大量热能、光能和声能的释放。

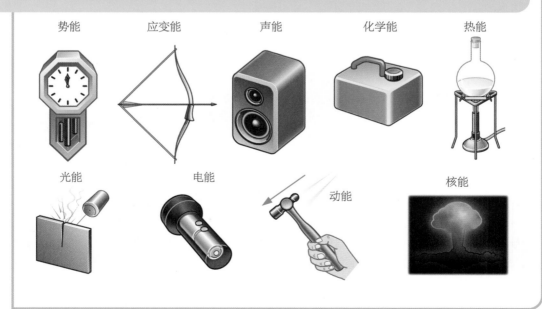

势能　　　应变能　　　声能　　　化学能　　　热能

光能　　　电能　　　　动能　　　核能

和放在地板上的书是一样的，但是如果它从书架上掉落下来，那么它是可以对外做功的。想象一下，将一根绳子的一端系在书架上的书上，将另一端系在附近的花瓶上，使书从书架上掉落，看看它是如何对花瓶做功的。此外，大坝后的水由于和坝外的水有较大的水位差而具有潜在的势能，可以用来推动涡轮机叶片旋转，从而带动发电机发电。

应变能在某些方面和势能是相似的，指的是物体因变形而拥有的能量。钟表中的发条被上紧时，便存储了能量。动能是物体由于运动而具有的能量，所以它是以任何形式运动着的物体都会拥有的能量。

大坝后的水拥有巨大的势能。当水位下降时，其势能转换为动能，可以推动下游的涡轮机叶片旋转。

科学词汇

能量：物体对外做功的量度。能量以各种各样的形式存在，包括动能、势能和应变能等。

应变能：物体因结构变形（如拉伸的橡皮筋）而拥有的能量。

功：力移动物体或使物体形状发生改变时使用的能量。它的单位是焦耳。

热和光也是某种形式的能量。任何发热的东西都具有热能，可以用来做功从而输出能量。绿色植物利用光能将二氧化碳和水结合在一起，生成糖和氧气，这一过程被称为"光合作用"。此外，光能也可在摄影过程中引发其他化学反应，实现照片曝光成像。而激光束中光的能量非常高，甚至可以穿透金属板，可用于激光加工等。

电能是最常见的能量形式之一。它由发电厂的电池和发电机等产生。电能可以用来做各种各样的工作，例如为手电筒供电或驱动铁轨上的机车运行等。

声能也是能量的一种形式。尽管超声波已在分解肾结石的医疗设备和切割金属的工业设备中得到了应用，但声能作为能量形式直接做功的应用还是很少的。长时间暴露在非常响亮的声音环境中对人的听力是有损害的，有时甚至会造成永久性的损害。

弓箭手拉开弓弦，准备将弓弦中存储的应变能转换为使箭加速的动能。

化学能是物质发生化学反应转化为其他物质的潜力，存储在物质当中，不能直接用来做功，只有在发生化学反应时才会被释放出来。例如，燃料和电池中存储着化学能。

我们需要了解的最后一种能量形式是核能，这是原子核发生反应时释放出的能量。一个重原子核（如铀）分裂成两个或多个轻原子核时，便会释放出巨大的能量，这一过程被称为"核裂变"。反之，由较轻原子核（如氢原子核）聚合成较重原子核的过

科学词汇

核裂变： 一个重原子核分裂为两个或更多轻原子核，并释放数个自由中子和巨大能量的一类核反应。

核聚变： 轻原子核在特定条件下结合成较重原子核，同时释放出巨大能量的一类核反应。

坐过山车的过程实际上就在势能占主导和动能占主导之间不断转换。当过山车运行到轨道顶部时，势能占主导，但因为它要继续保持移动，所以它保留了一小部分动能，就像碗里滚动的球一样（见右图）。

程，被称为"核聚变"，该过程同样会释放出巨大的核能。核聚变在太阳和其他恒星中心持续发生着，同时释放出巨大的光辐射和热辐射。氢弹的制造便运用了核聚变原理。

前面我们提到过，能量既不会凭空产生，也不会凭空消失，只能从一种形式转换到另一种形式，而其总量保持不变。以下就举几个例子来说明这一点。

摆（参见第36～37页）就是一种能量转换器。当摆锤摆动到一侧最高点时，它具有重力势能。当它摆动时，重力势能被转换为动能；当它摆动到最低点时，动能达到最大值。当它继续向另一侧最高点摆动时，动

滚动的球

将一个小球放在碗中，它来回滚动的过程就是一个动能和势能相互转换的过程。当小球滚动到碗一边的最高点时，其重力势能最大，动能几乎为零；而当小球落至碗中最低位置时，其动能最大，而重力势能几乎为零。

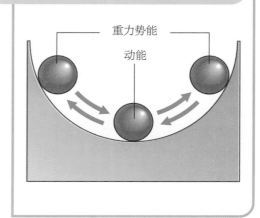

能又逐渐被转换回重力势能。

高速飞行的子弹也具有动能。当它击中硬目标（如墙壁）时，它会停止，它的动能被转换成热能及一些声能。坠落的陨石也具有动能。陨石快速进入地球大气层，与空气摩擦产生热能，这种热能可以使大气层中的原子电离，产生短暂的光带（光能）。

我们吃的食物里储存着化学能。这些化学能随食物进入人体，在消化过程中转化为人体可利用的能量，供人体活动所需。

能量和功

食物中的能量通常以焦耳（或卡路里）为单位。焦耳还是其他形式的能量（例如热

詹姆斯·焦耳

英国物理学家詹姆斯·焦耳（James Joule，1818—1889），以建立起热能和电能之间，以及热能和机械能之间的转换关系而闻名。1840年，他提出了著名的焦耳定律，该定律建立起了导体中流动的电流、导体的电阻、通电时间与导体产生的热量之间的关系。3年后，焦耳设计了一个让钢锤自由落下并驱动中间的转轴从而带动水容器中旋桨转动的实验。他通过测量水温的升高值测得旋桨与水摩擦产生的热量，由此确定了给定机械做功所产生的热量。之后的几年里，焦耳与威廉·汤姆孙（Willian Thomson，Kelvin 勋爵，1824—1907）一起开展了很多关于热力学方面的研究，他们发现了焦耳-汤姆孙效应，即气体在通过窄孔节流逸出时会发生冷却的现象。这一现象是制冷过程背后的科学原理，也是冰箱的工作原理。

显然，采石场中炸药爆破就是化学能突然破坏性释放的结果。

能和机械能）的单位，同时也是测量功的单位。事实上，1 焦耳的能量相当于 1 牛顿力的作用点在力的方向上移动 1 米距离所做的功。当物体在力的作用下移动时，力就对物体做功了。例如，从地板上捡起一本重量为 20 牛顿（质量约为 2 千克）的书，并将其放到 0.5 米高的书架上，在此过程中，手臂肌肉所做的功为 $20 \times 0.5 = 10$ 焦耳。

同样地，如果一个人带着同样重量的 3 本书爬升一段 4 米高的楼梯，那么他所做的功是 $20 \times 3 \times 4 = 240$ 焦耳。显然，这会让人更累。

科学词汇

焦耳（J）： 国际单位制中的导出单位，是
能量和功的单位。1 焦耳的能量相当于
1 牛顿力的作用点在力的方向上移动 1
米距离所做的功。

动能： 物体因运动而拥有的能量。

势能： 物体因其所处的位置（如已升高到
离地面有一定高度的位置）而拥有的
能量。

低速电梯和高速电梯

如果下图所示两部电梯的载客数量相
同，那么提升到相同的高度时，高速（30
秒）电梯所需的动力是低速（2分钟）电梯所
需动力的4倍。因此，高速电梯需要一个大
得多的电动机来驱动它的鼓轮式卷扬机。

功和功率

功率是做功的速率，即物体在单位时间
内所做功的多少。上面提到的3本书如果在
12秒内被搬上楼，则功率为240÷12＝20焦
耳/秒。虽然计算给出的功率单位为焦耳/秒，
但在物理学中功率有自己的单位——瓦特
（1瓦特＝1焦耳/秒），是以苏格兰工程师
詹姆斯·瓦特（James Watt，1736—1819）
的名字命名的。

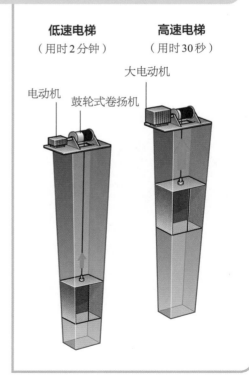

低速电梯
（用时2分钟）

高速电梯
（用时30秒）

大电动机

电动机　　鼓轮式卷扬机

稳定和平衡

通常，当力作用在物体上时，力会使物体沿着力的方向直线移动。但是，在某些情况下，力可能完全没有发挥这种作用，或者可能导致物体沿圆弧移动，甚至使其翻倒。

力对物体的影响还取决于这个物体的稳定性。例如，桌子上放着一个方形的盒子，它非常稳定，没有移动的倾向。如果你抬起盒子的一边，然后放开它，它会很快掉回桌子上。用科学术语来说，平放的盒子处于稳定平衡状态。

侧躺在桌面上的圆柱体则略有不同。如果把它放在水平的桌面上，它会待在原地，但如果稍微推一下它，它就会滚走。此时，我们说这个物体处于随遇平衡状态。竖着放的窄圆柱体，其平衡状态又有所不同。给它一个最轻微的侧推力，它就会倒下。这是因为它处于不稳定平衡状态。

重心

物体各部分受到的重力作用集中于一点，该点被称为"重心"。就立方体而言，其重心正好在其几何中心上。对于侧躺的圆柱体而言，其重心位于其轴线（连接两端中心的线）的中心。当圆柱滚动时，它的重心会向侧面移动，但不会向上或向下移动。

一个物体的稳定性取决于它倾斜时重心的变化。如果重心向上移动，物体就处于稳定平衡状态。如果重心向侧边移动，它就

平衡

将不同形状的物体放置在桌面上时，这些物体的平衡状态是不同的。当立方体和圆锥体的底面在桌面上时，它们处于稳定平衡状态，此时，如果稍微倾斜，它们会快速落回桌面。球及侧平躺在桌面上的圆锥体都处于随遇平衡状态，只要受到一点力，它们就会滚动。倒置的圆锥体和竖着放的窄圆柱体都处于不稳定平衡状态，如果给它们一个轻微的侧推力，它们就会倒下。

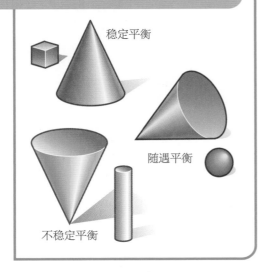

稳定平衡

随遇平衡

不稳定平衡

科学词汇

重心： 物体所受重力之合力的作用点。

平衡： 一种物理状态。物体受到几个力的作用时仍然保持静止状态或匀速直线运动状态或绕轴匀速运动状态，则称物体处于平衡状态。因稳定度不同，物体平衡可分为：稳定平衡、随遇平衡和不稳定平衡3种情况。如果处于稳定平衡状态的物体倾斜，则其重心会上升，一旦释放，物体便会回落到原始位置。如果处于随遇平衡的物体倾斜，则其重心既不上升也不下降，该物体会滚动起来。如果处于不稳定平衡状态的物体倾斜，则其重心会下降，物体会倾倒。

这种近乎悬空而立的岩石通常是经过几个世纪的侵蚀而形成的。它处于不稳定平衡状态。如果发生倾斜，它就会倒下。

处于随遇平衡状态。但是，如果重心向下移动，物体就处于不稳定平衡状态。

平衡力

跷跷板代表着一种不同的平衡。想象一个以其中心为旋转轴心的跷跷板。它在轴心点（物理学中也称为"支点"）上保持

试一试

"欺骗"重力

物体能否平衡取决于它的重心。通过设计不同寻常的重心来实现物体的平衡，重力似乎被"欺骗"了。

做一做

取适量黏土、两个叉子、一根牙签和一个玻璃杯。将黏土搓成小球，将两个叉子以一定角度插入黏土球中，再将牙签一端插入两个叉子间黏土球的侧面中心，如上图所示。然后，将牙签另一端放置在玻璃杯边缘，使之保持平衡（你需要在玻璃杯边缘轻轻地多次来回移动牙签，以找到最佳平衡位置）。结果看起来很神奇！

这种"把戏"是可能实现的，因为该结构的重心在两把叉子中间的空间。只要牙签穿过这一点，这一"平衡鸟"结构的实际重心就会与玻璃边缘的重心保持平衡。

另一种方法是用黏土做一个铅笔模型，把上述结构（注意调整牙签方向，叉子把手向下）中的牙签一端插入黏土铅笔笔尖上。你会发现，该"平衡鸟"可以在笔尖上保持平衡；把它放在倒置的玻璃杯底座上，它依然可以平衡；如果你折断铅笔，用指甲锉刀在末端中心锉出一个缺口，双手绷紧一根细线，并将这个装置放置到细线上，它依然能在线上保持平衡；如果把线稍微倾斜一下，它还能稳稳地沿线滑动，就像走钢丝的人一样。

平衡，因为两边的重量相等。如果两边的重量不相等，例如一端坐一个孩子，另一端坐一个成年人，则跷跷板较重的一端会向下倾斜。这是因为两端不相等的力（人的重量产生的力）会产生一种转动效应。这种转动效应用力矩来衡量，其大小等于力乘以它到支点的距离。

在跷跷板上，要使两端的孩子和成人达到平衡，二者的力矩必须是相同的。实现这一点的唯一方法是让成人靠近支点，这样一来，成人重量和其到支点距离的乘积便与孩子重量和到支点距离的乘积相等了。力矩等于力（单位为牛顿）乘以距离（单位为米），其单位为牛顿·米，记为 Nm。活动扳手是力矩实际应用的一个很好的例子。当更换汽车轮胎时，想要用手指拧开固定车轮的螺母是很困难的，因为其力矩不够大。但是，使用扳手来拧就容易多了。因为在长度为 25 厘米的扳手手柄上施加 100 牛顿的力，就能产生 $100 \times 0.25 = 25$ 牛顿·米的力矩。自行车脚踏板之间的曲柄和链轮也是以类似方式产生力矩的。用门把手开门的力矩也是如此。打开一扇短而宽的门比打开一扇高而窄的门更省力，因为力矩相同，但短宽

门的门把手到门轴的距离（力臂）更大。

两个总比一个好（力偶）

由作用在同一物体上的两个力（一对大小相等、方向相反且不共线的平行力）组成的力系，被称为"力偶"。实际生活中我们接触到的几乎所有物体受力旋转的情况，

科学词汇

力偶：作用在同一物体上的两个大小相等、方向相反且不共线的平行力。

支点：起支撑作用的固定不动的点，如跷跷板或杠杆的支撑点。

力矩：力作用于物体上时产生的转动效应（扭矩），等于力的大小乘以力到支点的垂直距离（力臂）。

简易跷跷板

跷跷板是力矩的一个简单例子，只有在两端力矩（重量乘以到支点的距离）相同时，跷跷板才能保持平衡。体重相同的两个孩子坐在距支点同等距离的跷跷板两端时，跷跷板保持平衡。如果将一端的孩子换成重量较大的成年人，那么他必须坐在离支点更近的位置，这样跷跷板才能继续保持平衡。

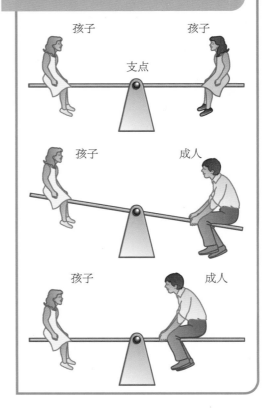

只要这个杂技演员将自身重心和头顶上碗的重心都保持在木板下作为支点的圆柱体上，他就能保持平衡。

"汤米杆"，通过套筒的一端。套筒的另一端穿过螺母，工程师向汤米杆的两端施加旋转力。力偶的旋转效应使得螺母松动。使用力偶工作的另一个例子是螺丝刀。粗柄螺丝刀比细柄螺丝刀产生的旋转力更大，也就更省力。

全都是力偶的作用，或者说可以等效成力偶的作用。一个常见的例子是开关水龙头，这是通过在水龙头开关的两边同时施加一对大小相等、方向相反的力矩来实现的。工程师们有时会用一种叫作"套筒扳手"的长圆柱形扳手来拧开一些空间狭小或凹陷很深的难拧的螺栓或螺母。有一根T型杆，被称为

扭动

扳手之所以能扭动螺丝，是由于有力矩的作用。在扳手手柄上，在距离螺母 d 处施加力 F，产生的力矩为 Fd，也被称为"扭矩"。

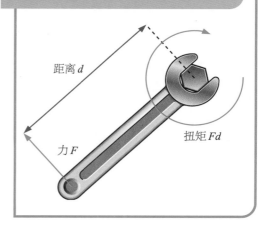

距离 d

力 F

扭矩 Fd

负载和杠杆

杠杆可能是最简单的一种机械，它可以被定义为具有机械效益的任何设备。根据杠杆支点、阻力点和动力点所处位置的不同，杠杆有3种不同的类型、几十种不同的用途。

古希腊科学家阿基米德曾经说过："给我一个足够长的杠杆和一个支点，我就能撬动地球。"当然，阿基米德（约公元前287—公元前212年）在为他的赞助人叙拉古国王设计各种精巧机器的过程中也广泛地使用了杠杆。

3种杠杆

各种杠杆有几个共同点，它们都涉及一种试图让杠杆转动的力，被称为"动力"；

一个支撑着杠杆，使杠杆围绕着其转动的点，被称为"支点"；一个阻止杠杆转动的负载，被称为"阻力"。根据杠杆支点、阻力点和动力点所处位置的不同，杠杆可以分为3种类型。阿基米德计划撬起地球的杠杆是第一种杠杆，类似于撬棍。第一种杠杆的

杠杆的3种类型

根据杠杆支点、阻力点和动力点所处位置的不同，杠杆可分为3种类型。第一种杠杆的动力点和阻力点分别位于支点的两侧，且两个力的作用方向相同；第二种杠杆的动力点和阻力点在支点的同一侧，两个力的作用方向相反，且阻力点比动力点更接近支点；第三种杠杆的动力点和阻力点也在支点的同一侧，两个力的作用方向相反，但是动力点比阻力点更接近支点。

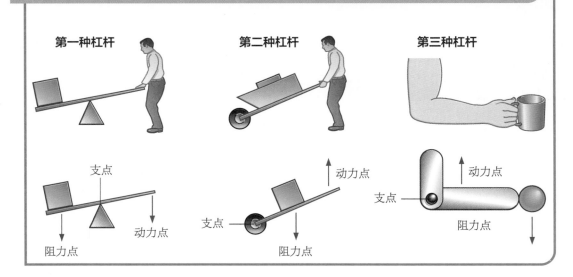

第一种杠杆　支点　动力点　阻力点

第二种杠杆　动力点　支点　阻力点

第三种杠杆　动力点　支点　阻力点

特点是动力点和阻力点分别位于支点的两侧，且两个力的作用方向相同。

在第二种杠杆中，动力点和阻力点在支点的同一侧，两个力的作用方向相反，且阻力点比动力点更接近支点。独轮手推车就是第二种杠杆的应用例子。

在第三种杠杆中，动力点和阻力点也在支点的同一侧，两个力的作用方向也相反，但是动力点比阻力点更接近支点。当你用手拿东西时，你的前臂的工作方式，以及镊子和钳子的工作方式都是第三种杠杆的例子。事实上，人体所有关节处骨骼的运动都涉及某种类型的杠杆。

机械效益

在第一种杠杆中，如果动力点到支点的距离大于阻力点到支点的距离，那么一个小的动力就可以移动一个大的负载。此时，我们认为杠杆提供了机械效益，其大小为负载（输出力）除以动力（输入力）。机械效益有时也被称为"力比"，对于第一种杠杆

撑竿跳高运动员正是借助撑竿的杠杆以及弹力作用把身体抬升到空中，越过各种高度的栏杆的。撑竿的弹性也有助于运动员跳得更高。

园艺剪刀，和普通剪刀一样，由一对杠杆（第一种）组成。手柄越长，其机械效益越大。

而言，力比等于动力点到支点的距离除以阻力点到支点的距离，也等于作用力移动的距离除以负载移动的距离。

要使杠杆或任何其他类型的机械发挥作用，其机械效益必须大于1。想象一下，将一枚硬币作为一根短撬棍，撬开一个油漆罐的盖子。此时，硬币相当于第一种杠杆，其机械效益大约为4。值得注意的是，机械效益是两个力（输出力和输入力）的比值，是一个纯数，没有单位。当然，如果硬币不足以撬开盖子，那么我们还可以继续提高机械效益，比如使用螺丝刀来撬开盖子。此时，机械效益可高达30，应该足以撬开盖子了。这些页面上的插图展示了各种杠杆的其他例子。

轮轴

水井轳辘是一种可通过手柄转动圆筒

自卸车倾倒负载就是第二种杠杆日常应用的例子。

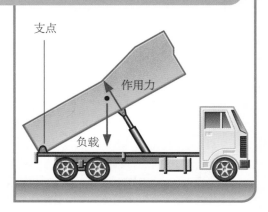

自卸车

这种自卸车的液压机构就是第二种杠杆的一个例子，类似于第48页的独轮手推车。

形滚筒，从而卷起缆绳并提起井中的水桶的装置。另一个例子是船舶上用来拉起锚链的起锚机。用科学术语来说，这样的装置都可被统称为"轮轴"。它是一种由轮和轴组成的、能绕共同轴旋转的机械，其实质上是

一种能够连续施加动力的杠杆（第一种），支点在轴心上。输入力作用于轮的边缘，而输出力作用于轴的边缘。如果轮的半径是 R，轴的半径是 r，则该机械的机械效益就是 R 除以 r。汽车的方向盘也是轮轴的另一个常见例子。

机械效率

　　所有使用到杠杆原理的设备都是简单机械的例子。有些机械设备的性能比其他机械设备的好，也就是说有些机械设备的效率比其他机械设备的高。机械效率是指机械的有用功（输出功）与它所消耗的总能量（输入功）的比值。其数值总是小于100%的，

向上撬动

　　红酒瓶软木塞常用的开瓶器也使用了一对第一种杠杆。阻力点非常接近支点，于是产生了一个很大的机械效益，足以移动顽固的软木塞。

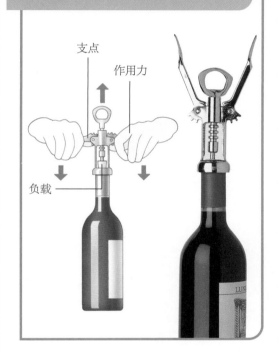

支点

作用力

负载

也就是说没有一台机械设备是完美且无损耗的。

　　在实践中，机械设备的理论机械效益与实际机械效益通常是存在差异的。两者的比值——实际值除以理论值——也是衡量机械效率的一种方法。简单的第一种杠杆是最有效率的机械之一，其机械效率接近100%。其他简单机械，如螺丝（见第54页）这种斜面机械，其机械效率是很低的。

轮轴

　　水井辘轳使用轮轴将水桶从井中吊起。这可以提供很大的机械效益。

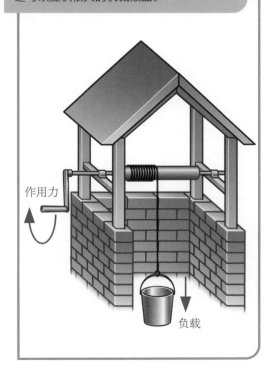

作用力

负载

斜面和摩擦力

把负载沿斜坡推上去要比直接将它向上提起来更容易。坡也被称作"斜面"，它是另一种能提供机械效益的简单机械。没有斜面，古埃及的金字塔就不会建成，螺丝和螺栓也将无法工作。

爬山时，如果让在垂直向上的陡坡和绕着山向上的缓坡之间做出选择，大多数人会选择缓坡。同样地，爬有一定坡度的楼梯要比爬垂直的梯子容易。通常，我们可能不认为这些简单的装置是一种机械，但对物理学家来说，它们就是机械。它们都是简单机械——斜面的应用例子。

成功的机械提供的机械效益总是大于1的。对于斜面而言，机械效益是负载（向下的力）除以作用力（将负载推上斜面的力），也等于斜面的长度除以斜面的高度。楔子是斜面的一种简单应用。

想象一下，把一个楔子的窄边端插入一块重石块的下面，敲击楔子的另一端，楔子便会逐渐抬升石块。这与在斜面上推重物非常相似，其机械效益等于楔子的斜面长度除以其最大厚度。楔子有很多用途，从劈木开石到形成斧头或凿子的切割部分。

考古学家发现，古埃及人在建造金字

科学词汇

摩擦力：阻止或减慢一个表面相对另一个表面运动的力。

斜面：一种由倾斜平面组成的简单机械，能够以相对较小的力将重物从低处提升至高处。用来劈开东西的楔子也是一个斜面。

环绕在瞭望塔外部的螺旋楼梯，比直梯更容易攀爬。

塔时就使用了斜面——他们在金字塔周围建造了巨大的盘旋斜坡。古埃及人将重达数吨的巨石拖上斜坡，垒到高处，甚至可能还会在巨石下面铺设圆木，利用"滑轮效果"来减小石块和坡道之间的摩擦力。当完工时，坡道被拆除，泥土被移走，完整的金字塔结构就显露出来了。

螺旋斜面

将一个楔形物（斜面）绕在圆柱体上可以形成小得多的螺旋坡道。其结果就是形成螺纹。当螺丝在一块木头上旋转时，螺丝的螺纹会切入木头里，然后把螺丝拉入木头中。螺丝是锥形的，但具有平行面结构的螺栓的工作原理也是相同的。螺丝的螺纹结构形成了长而窄的楔子，具有很大的机械效益。它的值取决于螺丝的螺距。螺距是螺丝完成一个完整的旋转时向前移动的距离，也等于两个相邻螺纹之间的距离。

克服摩擦力

螺丝是由于摩擦力而留在木头里的。摩擦力是一种阻止接触物体相互移动的力。没有它，螺丝就会自己松动掉出。但是，在机器的运动部件中，摩擦力通常是一种不利因素，代表一种能量损耗。例如，汽车行驶过程中各部件之间的摩擦力差不多要消耗发动机一半的功率，这是一种能源浪费。机油、润滑脂和其他润滑剂常被涂抹于运动部件之间，以减小相互之间的摩擦力。

超流动性

有一种奇特的低温特性被称为"超流动性"，具有这种特性的液体被称为"超流

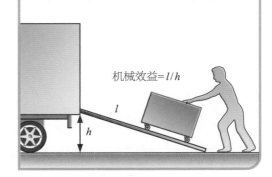

斜面

把负载沿斜面推上去要比把它垂直提升起来更容易。机械效益等于斜坡的长度（l）除以斜坡的高度（h）。

机械效益＝l/h

滑冰者滑行时，冰鞋和冰面之间的摩擦力很小。停止时，滑冰者只需轻轻向内弯曲膝盖，两脚往外展开，刀刃内侧边缘与冰之间的摩擦力便会增大，使得刀刃能够抓住冰。也就是说滑冰鞋是依靠大的摩擦力停止的。滑冰者还可以稍微降低重心，以给冰面施加更大的压力，产生阻力，从而快速消耗动能，刹得更稳。这些动能也会转化为热能和声能，因此刹车时冰鞋会刮出一些"冰沙"并发出声音。

螺丝及顶杆

螺丝的机械效益取决于它的螺距，即螺纹之间的距离。通过旋转螺丝就能举起重物。这也是千斤顶的工作原理，在给汽车换胎时，常常会用千斤顶来举起汽车。

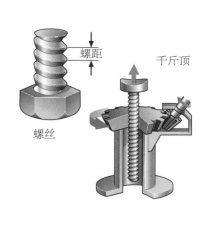

螺距

千斤顶

螺丝

上图显示一名技工正在使用带摩擦片的角磨机切割钢板。这种类型的锯子利用高速旋转产生的摩擦热来软化刀片前的金属，使其更容易被切割。

静摩擦力

当两个相互接触的物体之间有相对滑动的趋势，但尚保持相对静止时，它们彼此间存在着阻碍相对滑动的阻力，这种阻力被称为"静摩擦力"，也叫"静滑动摩擦力"。静摩擦力的大小取决于物体的重量，而非它们的形状或接触面积。如右图所示，所有物体都具有相同的重量（W），且受到了拉力但没有运动，因此它们所受的静摩擦力都是相同的。润滑剂是通过在两个接触物体表面形成一层软软的物质来使它们分离，从而减小摩擦力的。

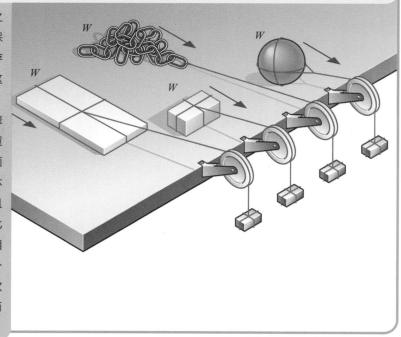

体",例如,在接近绝对零度(-460°F,-273℃)时,液态氦的流动将没有摩擦力。也就是说,如果将具有超流动性的液态氦放入容器中,由于没有摩擦力,液态氦将沿着容器壁两侧垂直向上流动,越过容器边缘,然后逸出。在斜坡上,超流体也将逆流而上,不受重力影响。然而,迄今为止,科学家们已发现的超流体的实际用途还很少。

试一试

持续滚动

古代人在没有现代设备的情况下是如何移动大型重物的呢?早在3000多年前,古埃及人就用大块巨石建造了金字塔。就重量而言,这些巨石恐怕需要几百个人才能拖动,更何况还要被提升到一定高度。经过大量考古研究,人们发现,为使巨石更容易移动,他们可能使用了滚轴。

做一做

把一本书放在桌子上。取一根绳子,打一个松散的结,套在书上,如下图所示。再在绳子上系一根橡皮筋。现在,通过橡皮筋把书拉到桌子边沿。根据橡皮筋的拉伸量就可推算出你所使用的拉力的大小。改进装置,取6支圆形铅笔,排成一行,放在书下面,再次用橡皮筋拉动书,观察橡皮筋的拉伸量。你会发现,这次你不必用那么大的力就可以拉动书了。

要让书动起来,就要克服书和桌子之间的摩擦力。一般来说,物体之间的滚动摩擦力远小于滑动摩擦力。比如,在上述实验中,直接拉动书时,书和桌面之间存在滑动摩擦力;而垫了铅笔时,笔和桌面之间存在滚动摩擦力,故而更容易拉动。试着在第一本书上面再放一本书,看看拉起来会不会更难?

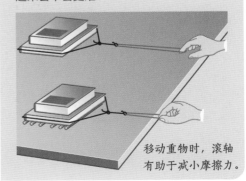

移动重物时,滚轴有助于减小摩擦力。

滑轮和齿轮

在古代，提升重物是很困难的，人们能利用的工具只有斜面，后来人们又有了千斤顶。不过，滑轮的发明更好地解决了这个难题。再后来，人们还发明了齿轮来控制旋转机械的输出。

今天，大多数人认为机械是一种由轮子、齿轮和其他旋转部件组成的有用设备。在许多方面，这个想法是正确的，尽管一些现代机械（如变压器）是没有活动部件的。前面我们已经学习了杠杆和其他的一些简单机械，并且了解了这些机械都是为了帮助提升重物而设计的。下面介绍的滑轮也是用来提升重物的最好机械之一。

滑轮和牵拉

最简单的滑轮有一根绳子穿过边缘有凹槽、能绕中心轴自由旋转的轮子，就像农民用来把一捆干草拖拽到草垛上的那种滑轮装置。实际上，单滑轮不能算作机械。它的机械效益是1，所以它本身并没有真正的效益，而且它不能用来提升任何比拉绳子的人

科学词汇

滑轮组：由两个或两个以上的滑轮组装而成的一种简单机械。

机械：一种用一种力（作用力）克服另一种力（负载）的装置，用于帮助人们降低工作难度。

滑轮：由可绕中心轴转动的、有沟槽的圆盘和跨过圆盘的绳索组成的，可以绕着中心轴转动的简单机械。只有使用两个或两个以上的滑轮，才能实现1以上的机械效益。

更重的重物。单滑轮只是改变了力的作用方向——绳子向下拉，而负载向上升。

然而，用两个及多个滑轮构成滑轮组便可以提高机械效益，比如，两个滑轮构成的滑轮组的机械效益是2，3个滑轮构成的滑轮组的机械效益是3，以此类推。滑轮的数量，或者更准确地说是滑轮之间绳索的数量，产生了多个滑轮的机械效益。可是，如果用由3个滑轮组成的滑轮组提升重物，相比于一个滑轮，将负载提升到相同高度，需要使作用力移动的距离增加到原来的3倍。因此，需要将大量的绳子拉过滑轮组，才能将重物提升一小段高度。这种滑轮组是在帆船时代出现的，当时它们被用来拉起沉重的大帆布。时至今日，它们仍然有着广泛的用途，特别是在建筑工地或造船厂用于提升重物的大型起重机中。

皮带和齿轮

人类最早使用的动力来源包括水车和风车。人们还需要一种能把轴的旋转传递给其他机器的方法，比如磨谷物的石磨。一种方法是用绳子或皮带将从动轴上的一个轮子和另一台机器（驱动轴）上的一个轮子相连。绳索在带槽的轮子（驱动轮）上运行（像滑轮一样），从而通过皮带带动具有平轮辋的轮子（从动轮）运行。在蒸汽机发明很久之后，皮带传动仍被广泛使用，比如用于将这种新的动力源连接到机械化的织布机和金属加工机上。汽车上连接发动机皮带轮和水泵皮带轮之间的风扇皮带，就可以将发动机的转动传递给水泵，从而带动风扇运动，这是皮带传动的现代例子之一。

在这种重型绕线机上，前面的小齿轮要比它所驱动的大齿轮转得快。

改变轮子的大小——驱动轮和从动轮的尺寸——可以改变转动的速度。大的驱动轮可以使小的从动轮转动得更快，而小的驱

动轮则可以使大的从动轮转动得更慢。皮带平行套挂时，两个轮子的转动方向是一致的；而皮带呈8字形交叉套挂时，两轮的转动方向相反。

用齿轮取代皮带传动时，大大小小的齿轮都会被用到。齿轮，也被称为"轮齿"或"齿状物"，是指有齿的轮子，通常齿向与轴平行，使得一个齿轮的齿可以和另一个齿轮的齿啮合。值得注意的是，主动齿轮和

单滑轮和多滑轮

单滑轮只能改变拉绳的拉力方向而不能改变拉力的大小，其机械效益是1。多滑轮或滑轮组既可以改变力的方向，也可以改变力的大小，能提供更大的机械效益。例如，下图所示的由4个滑轮和4组绳索组成的滑轮组，其机械效益是4。与单滑轮相比，在相同拉力 P 的作用下，单滑轮只能提起重量为 W 的重物，而滑轮组可以提起4倍重量（4W）的重物。

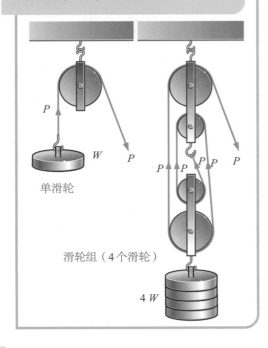

单滑轮

滑轮组（4个滑轮）

4W

从动齿轮是以相反的方向旋转的。要使从动齿轮和主动齿轮的转动方向相同，可以在两者之间引入一个自由旋转的、同时和两个齿轮啮合的惰轮。

其他类型的齿轮

用一个小齿轮驱动一根一面刻有齿的直杆（被称为"齿条"），齿条便能产生侧向运动。该装置被称为"齿轮齿条"（d），常用于汽车的转向机构中。被切割成螺纹状的齿轮被称为"斜齿轮"或"螺旋齿轮"（e），可以使轴上的另一个齿轮与之成直角，从而改变传动方向。通过直角改变传动方向的另一种方法是使用锥齿轮（f），锥齿轮的齿条是按一定角度进行切割的。例如，在汽车的差速传动中，常使用锥齿轮将动力传递给以不同速度旋转的两轴。

船坞的移动式起重机可以控制缆绳将重型货物从船舱中吊入或吊出。在该装置中，所有的提升运动都是通过滑轮实现的。

环齿轮和小齿轮

当卡车或汽车绕弯道行驶时，弯道外侧车轮走过的路程长，内侧车轮走过的路程短，但经历的时间是一样的，因此，外侧车轮旋转的次数更多。这时，汽车就是用如下图所示的差速器装置来调节内外车轮转速差的。

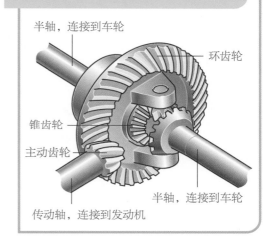

半轴，连接到车轮
环齿轮
锥齿轮
主动齿轮
半轴，连接到车轮
传动轴，连接到发动机

不同类型的齿轮

下图给出了一些常见的齿轮传动类型。（a）大齿轮驱动小齿轮，转动变快，旋转方向相反；（b）使用惰轮保持齿轮旋转方向不变；（c）小齿轮驱动大齿轮，转动变慢；（d）齿轮齿条；（e）斜齿轮/螺旋齿轮；（f）锥齿轮。

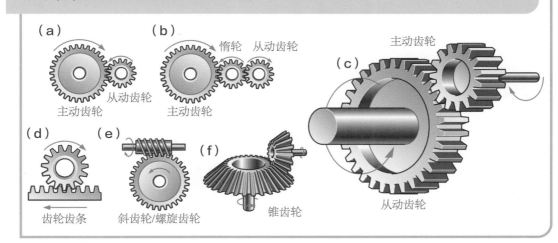

（a）
从动齿轮
主动齿轮

（b）
惰轮　从动齿轮
主动齿轮

（c）
主动齿轮
从动齿轮

（d）
齿轮齿条

（e）
斜齿轮/螺旋齿轮

（f）
锥齿轮

固体中的应变

固体比气体和液体更能抵抗形变。然而，即使是固体，其强度也是有一个极限的，如果对它们施加足够大的张力，它们就会断裂。对于较小的应变，当应变卸除后，固体还能恢复到原来的形状。

固体的两个关键特性是强度和硬度。在建筑行业中，材料的这些性能无处不在且常被用于评估建筑原材料的好坏。长期以来，建筑主要的永久性原材料是石块、砖、混凝土和钢筋。

不算树干和藤条的话，最早的桥梁材料是石块。最简单的石桥由单个石块横跨在两个支撑点上组成（柱梁结构）。但这种石桥的跨度受限于可用的最长石块。后来，随着工具的不断发展，人类能够将岩石切割成较规则的石块或长条形石板，甚至还制造出了具有类似外形的砖。这些材料的使用，使得石桥在跨度上有了很大的突破，但真正使

这座 3 层拱桥，就是嘉德水道桥，又称"加尔桥"，位于尼姆城，是古罗马的高架输水渠。它是用成千上万吨巨石建造而成的，横跨法国南部一个山谷中的加尔河。

石桥被广泛使用的是拱门结构的运用。古埃及、古希腊和古罗马时期建造的许多拱门至今仍屹立不倒。

拱门是一种坚固的结构，这一特殊的结构使得拱门中的材料都具有很强的耐压性。也就是说，当它们受挤压时，拱门中所有的石块都会共同处于被压缩状态，它们一起将载荷分散并传递到拱门支架上。

混凝土自身有很好的抗压性，而钢筋混凝土（结构中有钢筋）又有很强的抗拉伸性。悬臂桥的两端被安装在支座中。当有载荷时，悬臂的顶部承受张力，而悬臂下方承

科学词汇

延展性：物质的物理属性之一，描述物质（通常是指金属）受到拉力、被锤击或滚轧时，延长成细丝或展开成薄片而不破裂的性质。

弹性：固体特性之一，指物体在被拉伸（受到外力作用）发生形变后，能恢复到原来大小和形状的性质。

应变：在外力（载荷、温度变化等）作用下，物体的几何形状和尺寸发生的相对改变。

应力：在外因（如力、温度、湿度等）作用下，介质形变并产生抗衡外因的内部反作用力，包括正应力和剪应力。

桥梁结构

　　3种主要类型的桥梁具有不同的受力特性，如下图所示。在竖向载荷作用下，（a）柱梁式和（b）悬臂式桥梁的桥墩（柱）处无水平反力，桥面（梁）主要受到弯曲张力（一个表面为压缩力，另一个表面为张力）；（c）拱门式桥梁的桥墩（拱门支架）承受水平推力，承重结构（拱圈）以受压为主（拱圈内的每一块石头都承受压缩力，并将这种力传递到拱门支架上）。

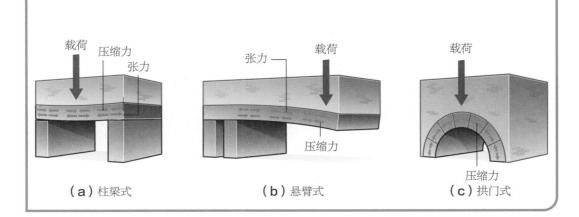

（a）柱梁式　　　　　　　　（b）悬臂式　　　　　　　　（c）拱门式

受压缩力。因此，钢筋混凝土是建造这种桥梁的好材料。

金属的弹性

钢和其他大多数金属材料都有一种特性，就是弹性。弹性材料是指受到外力作用就变形，而在外力撤销后能快速恢复到原来形状的材料。大多数金属是有弹性的，但其存在一个弹性要失效的转折点。想象一下，将一段钢丝的上端固定在支架上，末端挂上

罗伯特·胡克

英国天文学家、物理学家和工程师罗伯特·胡克（Robert Hooke，1653—1703），是一位牧师的儿子。他在天文学方面最卓著的贡献之一是提出了行星运动理论，即认为行星是因为受到了万有引力作用才保持在其轨道内运动的。1674年，胡克在他的一本著作中阐述了这一理论。后来，胡克与牛顿针对谁是万有引力定律的发现者这一问题争论不休。胡克认为，万有引力定律是他先发现并告诉牛顿的（在一次私人通信中），而牛顿则声称自己早在大约1665年左右就发现了该定律，只是尚未公开。胡克在物理学方面的主要贡献包括以他的名字命名的胡克定律，以及发现了大多数材料在受热时会膨胀这一现象。胡克还是一位近乎全才的发明家，他制造了一种用于研究动物和植物细胞的复合显微镜，并用该显微镜观察了一些动植物的微观结构，还著成了《显微制图》（1665）一书。此外，他还发明了包括"万向接头"（一种将旋转转轴以一定角度连接到另一轴上的装置）等多种机械装置。

胡克定律

胡克定律是力学基本定律之一，它指出：固体材料受力之后，材料的形变量（应变）与引起形变的载荷（应力）成正比。但是，一旦超过屈服点，材料会被迅速拉伸，直至达到断裂点断裂。

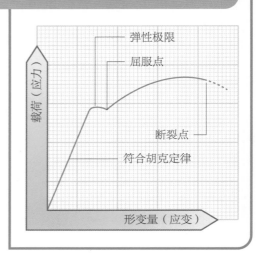

重物，并不断增加末端重物的重量。随着重量的增加，钢丝将被拉伸。如果重量适中，当移除重物后，钢丝将恢复到其原始长度。事实上，在这种情况下，钢丝上的应力（重量）与应变（拉伸量）成正比。这种关系被称为"胡克定律"，由英国科学家罗伯特·胡克于1676年提出。

如果在钢丝末端继续添加重物到一定程度，钢丝将达到一个弹性极限的点，此时，移除重物后钢丝将不能恢复到其原始长度，它被永久拉伸了。我们称这种现象为"屈服"，而产生屈服现象时的最小应力值即为"屈服点"。超过屈服点后，钢丝会继续被拉伸，直至最终断裂。

柔韧的金属丝

金属具有延展性，可以被拉成丝。金属丝有许多实际用途，特别是可作为导线使用，也可用于建筑中。此外，几股金属丝还可拧在一起做成线缆。这种线缆比相同直径的单股线缆更坚固。线缆最引人注目的用途是在悬索桥中。

坚硬的合金

除了密度，硬度也是大多数金属的重要性能之一。硬度是指材料抵抗变形或破坏的能力，与金属晶体内部原子的紧密堆积方式，即金属键的强弱有关。软金属，如铝和铁，可以通过与其他元素合金化来变硬，因为其他金属原子的插入改变了原金属晶体内部的原子排列结构。例如，铝合金是在铝中添加一定量的其他元素（如镁或铜）制成的，而钢则主要由铁碳合金制成。

应力类型

3种主要的应力类型是压缩力、拉伸力和剪切力。如下图所示，材料受到挤压时，所受的即为压缩力；被拉伸时，所受的为拉伸力；当顶部和底部被反向拉伸时，所受的为剪切力。

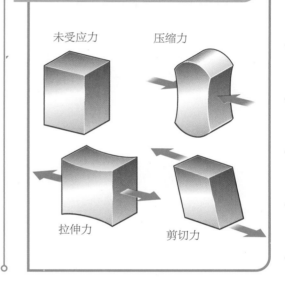

未受应力　　压缩力

拉伸力　　剪切力

绕组线

绕组线，即电磁线，是典型的金属线材之一，是通过向金属施加拉力，使之通过一系列的模具模孔制作而成的，每一步的模具孔都比上一步的稍小，这样得到的金属丝就会越来越细。

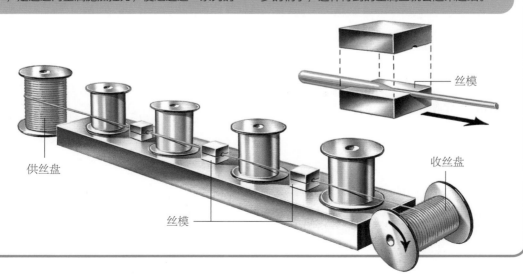

供丝盘

丝模

丝模

收丝盘

Books: General

Bloomfield, Louis A. *How Things Work: The Physics of Everyday Life*. Hoboken, NJ: Wiley, 2013.

Bloomfield, Louis A. *How Everything Works: Making Physics Out of the Ordinary*. Hoboken, NJ: Wiley, 2007.

Czerski, Helen. *A Dictionary of Physics*. New York, NY: W.W. Norton, 2018.

De Pree, Christopher. *Physics Made Simple*. New York, NY: Broadway Books, 2005.

Epstein, Lewis Carroll. *Thinking Physics: Understandable Practical Reality*. San Francisco, CA: Insight Press, 2009.

Glencoe McGraw-Hill. *Introduction to Physical Science*. Blacklick, OH: Glencoe/McGraw-Hill, 2007.

Heilbron, John L. *The History of Physics: A Very Short Introduction*. New York, NY: Oxford University Press, 2018.

Holzner, Steve. *Physics Essentials For Dummies*. Hoboken, NJ: For Dummies, 2010.

Lehrman, Robert L. *E-Z Physics*. Hauppauge, NY: Barron's Educational, 2009.

Lloyd, Sarah. *Physics: IGCSE Revision Guide*. New York, NY: Oxford University Press, 2015.

Muller, Richard A. *Physics for Future Presidents*. New York, NY: W.W. Norton, 2008.

Rennie, Richard, and Law, Jonathan. *A Dictionary of Physics*. New York, NY: Oxford University Press, 2019.

Taylor, Charles (ed). *The Kingfisher Science Encyclopedia*, Boston, MA: Kingfisher Books, 2006.

Walker, Jearl. *The Flying Circus of Physics*. Hoboken, NJ: Wiley, 2006.

Zitzewitz, Paul W. *Physics Principles and Problems*. Columbus, OH: McGraw-Hill, 2012.

Books: Mechanics

Arnold, Nick, and De Saulles, Tony. *Fatal Forces (Horrible Science)*. New York, NY: Scholastic, 2014.

Graham, Ian. *Forces and Motion: Investigating a Car Crash*. New York, North Mankato, MN: Capstone, 2014.

Hammond, Richard. *All About Physics*. New York, NY: DK, 2015.

Kenney, Karen Latchana. *Forces and Motion Investigations*. Minneapolis, MN: Lerner, 2017.